La maison d'édition tredition, basée à Hambourg, a publié dans la série **TREDITION CLASSICS** des ouvrages anciens de plus de deux millénaires. Ils étaient pour la plupart épuisés ou uniquement disponible chez les bouquinistes.

La série est destinée à préserver la littérature et à promouvoir la culture. Elle contribue ainsi au fait que plusieurs milliers d'œuvres ne tombent plus dans l'oubli.

La figure symbolique de la série **TREDITION CLASSICS**, est Johannes Gutenberg (1400 - 1468), imprimeur et inventeur de caractères métalliques mobiles et de la presse d'impression.

Avec sa série **TREDITION CLASSICS**, tredition à comme but de mettre à disposition des milliers de classiques de la littérature mondiale dans différentes langues et de les diffuser dans le monde entier. Toutes les œuvres de cette série sont chacune disponibles en format de poche et en édition relié. Pour plus d'informations sur cette série unique de livres et sur l'éditeur tredition, visitez notre site: www.tredition.com

tredition a été créé en 2006 par Sandra Latusseck et Soenke Schulz. Basé à Hambourg, en Allemagne, tredition offre des solutions d'édition aux auteurs ainsi qu'aux maisons d'édition, en combinant à la fois édition et distribution du contenu du livre en imprimé et numérique et ce dans le monde entier. tredition est idéalement positionnée pour permettre aux auteurs et maisons d'édition de créer des livres dans leurs propres domaines et sujets sans prendre de risques de fabrication conventionnelles.

Pour plus d'informations nous vous invitons à visiter notre site: www.tredition.com

L'isthme de Panama

Michel Chevalier

Mentions légales

Cette œuvre fait partie de la série TREDITION CLASSICS.

Auteur: Michel Chevalier
Conception de couverture: toepferschumann, Berlin (Allemagne)

Editeur: tredition GmbH, Hambourg (Allemagne)
ISBN: 978-3-8491-2759-6

www.tredition.com
www.tredition.de

Toutes les œuvres sont du domaine public en fonction du meilleur de nos connaissances et sont donc plus soumis au droit d'auteur.

L'objectif de TREDITIONS CLASSICS est de mettre à nouveau à disposition des milliers d'œuvres de classiques français, allemands et d'autres langues disponible dans un format livre. Les œuvres ont été scannés et digitalisés. Malgré tous les soins apportés, des erreurs ne peuvent pas être complètement exclues. Nos partenaires et nous même, tredition, essayons d'aboutir aux meilleurs résultats. Toutefois, si des fautes subsistent, nous vous prions de nous en excuser. L'orthographe de l'œuvre originale a été reprise sans modification. Il se peut que ce dernier diffère de l'orthographe utilisée aujourd'hui.

L'ISTHME DE PANAMA

EXAMEN HISTORIQUE ET GÉOGRAPHIQUE

DES DIFFÉRENTES DIRECTIONS SUIVANT LESQUELLES ON POURRAIT LE PERCER ET DES MOYENS À Y EMPLOYER;

SUIVI D'UN APERÇU

SUR L'ISTHME DE SUEZ.

PAR

MICHEL CHEVALIER.

Avec une Carte.

PARIS.
LIBRAIRIE DE CHARLES GOSSELIN.
ÉDITEUR DE LA BIBLIOTHÈQUE D'ÉLITE,
30, RUE JACOB.
MDCCCXLIV.

(p. 001) CHAPITRE PREMIER.

FORME GÉNÉRALE DE L'ISTHME DE PANAMA.

Sa grande longueur.—Sur cette longueur, cinq localités où l'on peut rechercher un passage: 1º isthme de Tehuantepec; 2º à l'est de la baie de Honduras; 3º lac de Nicaragua; 4º isthme de Panama proprement dit; minimum d'épaisseur de l'isthme à la baie de Mandinga; ligne de la Boca del Toro à l'embouchure du Chiriqui; 5º isthme de Darien.—Obstacle qu'oppose dans toute l'Amérique au passage d'un Océan à l'autre la chaîne des Andes; immense étendue de cette chaîne.—L'isthme est montagneux; mais la chaîne s'y abaisse précisément aux cinq endroits ci-dessus.

L'Isthme de Panama, resserré en largeur, comme on le verra, est hors de proportion par sa longueur avec tous les isthmes du monde. De Tehuantepec et des bords du Guasacoalco, où il se soude à l'Amérique du Nord, au fond du golfe de Darien, où il (p. 002) s'unit au massif de l'Amérique méridionale, il y a 2,300 kilomètres (575 lieues). C'est, à peu de choses près, le double de la distance d'Amsterdam à Lisbonne. Les autres isthmes célèbres sont cinquante ou cent fois moins longs. C'est qu'ils sont situés entre deux golfes avancés dans les terres ou entre une mer et une baie, tandis que l'isthme de Panama sépare deux mers épandues[1].

Dans sa forme générale, on dirait d'une immense chaussée dirigée en ligne droite de l'ouest-nord-ouest à l'est-sud-est, et présentant, du côté qui regarde l'Europe, deux renflements: l'un, assez spacieux pour qu'en nos contrées on en fît un beau (p. 003) royaume; c'est la péninsule de Yucatan, qui, avec la presqu'île de Floride et l'île de Cuba, enclot le golfe du Mexique, nappe d'eau presque égale à notre Méditerranée[2], que nous qualifions avec raison de mer; l'autre, plus étendu encore que le premier, et figurant un hémicycle, est occupé par les cinq États de l'Amérique Centrale. Dans sa configuration générale, l'isthme s'amincit à mesure qu'il approche de l'Amérique du Sud. De ce côté, il se termine par un fer à cheval, sur lequel est située la ville de Panama, et qui est baigné à l'occident par une baie semi-circulaire, parsemée d'îles et même d'élégants archipels en miniature, restés célèbres par les perles qu'y trouvèrent les Espagnols.

Au premier abord, il semble nécessaire d'explorer minutieusement, sur chacun des flancs de l'isthme, une côte de cette extraordinaire longueur de 2,300 kilomètres pour découvrir le point où devrait être placé le canal des deux océans; mais, quelque imparfaites que soient les connaissances géographiques sur cette partie du nouveau continent, on reconnaît bientôt que le nombre des localités où l'on peut, avec chance de succès, rechercher un passage est assez restreint. Les points où l'isthme se rétrécit, et où il est naturel de frapper (p. 004) pour faire brèche, sont au nombre de cinq seulement. Énumérons-les:

1. — En commençant par le nord, on rencontre d'abord l'isthme de Tehuantepec, où deux cours d'eau, le Guasacoalco et le Chimalapa, adossés l'un à l'autre, se déversent, l'un dans l'Océan Atlantique, l'autre dans le Pacifique. À vol d'oiseau, la distance qui sépare les deux mers est ici de 220 kilomètres.

2. — De l'autre côté de la presqu'île de Yucatan, la carte indique, du fond de la baie de Honduras, sur l'Atlantique, à l'Océan Pacifique, une distance assez faible, d'environ 200 kilomètres à vol d'oiseau, et montre, tout auprès, des cours d'eau qui, ayant leurs sources non loin de l'Océan Pacifique, viennent, presque tout droit, se jeter dans l'Atlantique.

3. — Plus au midi, à l'autre extrémité du diamètre de l'hémicycle décrit par l'Amérique Centrale, le lac de Nicaragua, communiquant avec l'Atlantique par un beau fleuve, le San-Juan de Nicaragua, est situé au milieu des terres, comme un prolongement de cette mer, qui ainsi semble pénétrer jusqu'à 2 ou 3 myriamètres de l'Océan Pacifique.

4. — Ensuite apparaît l'isthme de Panama proprement dit. C'est là que la longue chaussée qui relie l'une à l'autre les deux Amériques, a son minimum d'épaisseur. De la ville de Panama sur le Pacifique à celle de Porto-Belo sur l'Atlantique, la distance en ligne droite paraît n'être que de 65 kilomètres. De même entre Panama et Chagres, et (p. 005) ici une partie de l'espace se franchit au moyen de la rivière Chagres, qui roule un grand volume d'eau; de même encore entre

Chagres et la baie de Chorrera, qui est un peu à l'ouest de Panama. Ce n'est pourtant point entre Panama ou la baie de Chorrera et Chagres ou Porto-Belo que l'isthme de Panama est réduit à sa moindre épaisseur; un peu plus à l'est, à la baie de Mandinga (ou San-Blas), il paraît n'avoir plus qu'une cinquantaine de kilomètres.

Un troisième point de l'isthme de Panama proprement dit appelle une exploration soignée. C'est aux environs du port de la Boca del Toro, situé sur l'Atlantique à l'ouest de Chagres. Vis-à-vis de ce port, qu'on s'accorde à représenter comme admirable, on trouve, sur l'autre mer, un autre port qu'on dit remarquable aussi, à l'embouchure de la rivière Chiriqui. À cause de l'excellence qu'on attribue à ces deux havres, ce tracé mériterait beaucoup d'attention si le terrain qui les sépare n'était que médiocrement difficile.

5. — Enfin, là où l'isthme cesse et où l'Amérique du Sud s'épanouit brusquement en un vaste éventail, on trouve, sur la surface même de cette Amérique, un passage remarquable entre les deux océans. Dans le golfe de Darien, qui borde l'isthme à l'orient, se décharge un beau fleuve, l'Atrato, dont quelques affluents de gauche, et particulièrement le Naipipi, ont leurs sources très voisines de l'Océan Pacifique, et dont l'un des rameaux supérieurs se rapproche beaucoup, au nord de Novità, (p. 006) d'un fleuve tributaire du Pacifique, qui porte, comme tant d'autres, le nom vénéré de San-Juan. Je n'ose assigner aucune largeur précise à la ligne qu'il faudrait suivre pour passer, par la vallée du Rio Atrato, d'un océan à l'autre. Ce serait cependant un assez long trajet. D'après la dernière carte d'Arrowsmith, de l'embouchure de l'Atrato, dans la mer des Antilles, à celle du San-Juan, dans l'Océan Pacifique, il y aurait au moins 450 kilomètres. Par le Naipipi, le trajet serait à peu près moitié moindre.

Voilà donc cinq localités où l'isthme se présente favorablement quant à la largeur. Mais quelle serait la hauteur à gravir? Ne serait-elle pas de l'ordre de celles devant lesquelles l'art de l'ingénieur le plus osé recule avec effroi et se reconnaît vaincu? Au premier abord, on est porté à le craindre. Le nouveau continent offre une chaîne de montagnes sans pareille au monde pour sa continuité. Du cap Horn, promontoire par lequel l'Amérique méridionale regarde le pôle austral, aux terres glacées qui terminent l'Amérique du Nord, s'étend la chaîne des Andes comme une épine dorsale longue de *quatorze mille kilomètres*, trente-cinq fois la longueur des Pyrénées. Qu'on se place dans l'Amérique méridionale en un point quelconque du littoral occidental, à Guayaquil, à Lima, à Valparaiso jusqu'au détroit de Magellan et à la Terre-de-Feu; partout on rencontre devant soi cette crête altière couverte de (p. 007) neiges éternelles, séparant la vallée du fleuve des Amazones, où dix empires seraient à l'aise[3], celles du Magdalena, de l'Orénoque et de la Plata, tous tributaires de l'Atlantique, des torrents qui se précipitent dans l'Océan Pacifique. Que des bords de la mer on gravisse le plateau, qu'on monte à Bogota, à Quito, c'est-à-dire à la hauteur du Canigou et du pic du Midi, au double de celle du Ballon-d'Alsace, et on la retrouve encore au-dessus de sa tête, se redressant plus fière; on a devant soi le Cotopaxi et le Chimborazo, dans les flancs desquels s'engloutiraient l'Ossa et le Pélion tant vantés. Dans l'Amérique septentrionale, il en est de même. C'est d'abord le plateau mexicain, dont l'élévation égale celle de montagnes majestueuses, et qui est surmonté lui-même de sommets audacieux, comme le pic d'Orizaba et la Sierra Nevada (*Chaîne Neigeuse*) de Mexico. Ce sont ensuite les montagnes Rocheuses, qui se sont trouvées assez hautes, assez escarpées, pour opposer jusqu'à ce jour une infranchissable barrière à la race entreprenante des États-Unis, que rien n'avait pu arrêter. Constamment, au travers des Californies et des possessions anglo-américaines, britanniques et russes, la même chaîne élève inflexiblement son arête blanchie par la neige, et hérissée çà et là de cimes coniques dont *la tête au ciel est voisine*, et dont les pieds touchent *à l'empire des morts*, au royaume igné de Pluton; car d'une (p. 008) extrémité à l'autre sont distribués des volcans[4]. En résumé, abstraction faite des cimes qui la dominent, la chaîne a une élévation qui est rarement de moins de 2,000 mètres (une demi-lieue). Elle est épaisse et massive; quelquefois, comme au Mexique, dans la Nouvelle-Grenade et au Pérou, elle se déploie en un immense plateau. Dans l'Amérique du Nord comme dans l'Amérique du Sud, on peut la considérer, sur le versant du Pacifique au moins, comme insurmontable pour toute voie de communication autre qu'une route ordinaire.

L'isthme de même est montagneux. Il offre des sommets ardus et d'innombrables volcans qui souvent ébranlent le sol, dévastent les cités, et ont motivé ce dicton sur l'admirable ville de Guatimala, bâtie dans la plus délicieuse vallée du monde, mais dominée par des volcans terribles d'une hauteur sans pareille[5]: qu'elle avait le paradis d'un côté (p. 009) et l'enfer de l'autre. Cependant l'observateur qui s'aventure dans ce dédale de montagnes et de collines reconnaît que là du moins la chaîne n'est point absolument continue. Par un heureux hasard, la force souterraine qui, postérieurement à la formation du continent, souleva la longue chaîne des Andes, se trouva affaiblie dans l'isthme; elle y exerça une action fort inégale, et y produisit des groupes montagneux distincts et séparés, et non plus une crête inflexible. Peut-être se divisa-t-elle pour appliquer une partie de sa puissance à faire surgir de la mer, à quelque distance de là, l'archipel des Antilles. Dans l'isthme, on trouve des cimes qui ne le cèdent pas au Mont-Blanc, le roi des Alpes; mais en plusieurs points, qui sont justement ceux désignés tout-à-l'heure, où l'isthme est le plus étroit, l'arête saillante du sol, le haut de la digue interposée entre les deux océans, n'atteint pas au-dessus de leurs flots une élévation supérieure à celle qu'on sait faire franchir à un canal ordinaire au moyen d'écluses. Ainsi qu'on le verra, la chaîne y courbant la tête s'est ouverte non seulement à des gorges, mais à quelques vallées transversales où pourrait être frayé un passage pour un canal ou pour un chemin de fer à pentes douces.[Table des matières]

(p. 011) CHAPITRE II.

RECHERCHE D'UN PASSAGE ENTRE L'OCÉAN ATLANTIQUE ET L'OCÉAN PACIFIQUE, DEPUIS LA DÉCOUVERTE DU NOUVEAU-MONDE.

Objet du voyage de Colomb. — Découverte de l'Océan Pacifique par Vasco Nuñez de Balboa, le 25 septembre 1513. — Héroïsme de Balboa; sa persécution par Pedrarias Davila. — Caractère de Fonseca. — Tentatives successives pour passer d'un Océan à l'autre. — Emulation entre l'Espagne et le Portugal. — Vasco de Gama. — Le *Secret du Détroit*. — Expédition partie de San Lucar en 1508, sous Vicente Yañez Pinzon et Juan Diaz de Solis. — Second voyage de Juan Diaz de Solis. — Expéditions des frères Cortereal pour le compte du Portugal. — Voyage de Magellan en 1520. — Découverte du cap Horn par les Hollandais Lemaire et Schouten en 1616. — Efforts de Fernand Cortez pour découvrir le *Secret du Détroit*; ses questions à Montezuma. — Navigateurs anglais à la fin du XVIe et au commencement du XVIIe siècle: Davis, Hudson, Baffin. — Au XVIIIe siècle, le Suédois Behring voyage pour le (p. 012) compte de la Russie. — Troisième voyage de Cook. — Projet de M. de Chateaubriand. — Navigateurs anglais au XIXe siècle — Grandeur de l'Espagne au XVIe siècle. — Canaux projetés d'après Gomara en 1551 à Tehuantepec, au lac de Nicaragua et à l'isthme de Panama proprement dit; Philippe II arrête l'essor de l'Espagne. — Efforts de Cortez; communication grossière qu'il établit dans l'isthme de Tehuantepec; on l'améliore un peu à la fin du XVIIIe siècle; prix exorbitant du transport. — Communication par Panama, fort imparfaite. — Tort que se faisait l'Espagne en négligeant ainsi des voies de transport aussi importantes; elle justifiait d'avance sa dépossession future.

Ce n'est pas chose nouvelle que de s'occuper d'un passage de l'Océan Atlantique au Grand-Océan, des mers qui emplissent le vaste et profond chenal ménagé par la nature entre l'Europe et le continent américain à celles qui baignent de leurs flots les côtes de la Chine et du Japon et l'autre littoral de l'Amérique. Christophe

Colomb, quand, sur ce vaisseau si longtemps sollicité, il s'embarqua pour l'expédition à jamais mémorable qui nous donna un nouveau monde, avait pour but de montrer aux hommes un passage plus facile vers la Chine. Jusqu'alors, la regardant comme située à l'orient, on jugeait qu'on devait s'y rendre en marchant de l'ouest à l'est. Colomb prit au contraire la route de l'est à l'ouest[6] qu'il supposait plus courte. Un (p. 013) monde ignoré jusqu'à lui se rencontra sur son chemin[7]! Après qu'il eut découvert ces terres inconnues, il crut avoir abordé aux îles de l'Asie dépendant du domaine du Grand-Khan, c'est le nom qu'on donnait à l'empereur de la Chine, et il est mort après ses quatre voyages dans la persuasion qu'il avait été en Asie. Cependant Colomb eut une vague connaissance de la mer que nous nommons l'Océan Pacifique et de sa proximité de l'Atlantique dans les parages voisins de Panama; ce fut à son quatrième et dernier voyage, qui précéda sa mort de deux années, et pendant lequel il reconnut, sur une grande étendue, le continent américain le long de l'isthme lui-même et au-delà du côté du midi[8]. (p. 014) Les indigènes lui apprirent qu'une autre mer existait non loin de là. Confondant toujours l'Amérique avec l'Asie, il exprimait le voisinage des deux mers dans la province de Veragua, où il venait de débarquer, en disant que certaines terres de *Ciguare*, dont il s'estimait très proche et qu'il croyait à dix journées seulement du Gange, étaient, par rapport à la côte de Veragua, sur l'Atlantique, dans la même situation que Tortose, sur la Méditerranée, à l'embouchure de l'Ebre, relativement à Fontarabie en Biscaye sur l'Océan. Mais Colomb ne vit pas de ses yeux l'Océan Pacifique. Cet honneur fut réservé à Vasco Nuñez de Balboa, l'un des hommes les plus étonnants qu'ait alors produits l'Espagne, si fertile à cette époque en héros dignes de l'admiration reconnaissante des peuples.

Je ne puis prononcer le nom de Balboa sans y joindre l'expression d'une commisération profonde. C'est un exemple amer des souffrances auxquelles furent voués presque tous les hommes qui jouèrent un grand rôle dans la découverte de l'Amérique. Ce nouveau monde a été vraiment enfanté dans la douleur (p. 015) de ceux qui le donnèrent à la civilisation européenne. Colomb dans les fers, Cortez délaissé, à la fin de sa vie, comme un obscur aventurier, et mourant consumé de chagrin, sont les deux grandes figures d'un tableau peu honorable pour l'espèce humaine. À côté d'eux mérite de figurer en une place apparente l'héroïque Balboa sur un gibet. Une petite colonie s'était établie à Santa-Maria sur l'isthme, et les colons avaient choisi Balboa pour leur chef, parce que c'était un homme d'une intrépidité sans égale et d'une infatigable activité. Jaloux de faire ratifier ce titre par la cour d'Espagne, Balboa exécuta des incursions chez les tribus voisines, et acquit ainsi la certitude qu'il existait un autre océan à peu de distance, à six jours de marche, lui disaient les Indiens, et ils ajoutaient que par là on se rendait à un empire qui abondait en or. Ils voulaient parler du Pérou. Balboa entreprit de pénétrer jusqu'à cette mer mystérieuse. Sa réputation de vaillance et de loyauté attira autour de lui une troupe d'hommes déterminés; mais les difficultés du sol et les attaques des naturels retardèrent sa marche. Enfin, le vingt-cinquième jour, le 25 septembre 1513, du haut de la sierra de Quaregna dont il avait voulu seul gravir le sommet, il aperçut la mer: c'était l'Océan Pacifique.

À cette vue, tombant à genoux, il remercia le Tout-Puissant de lui avoir réservé la gloire d'une découverte si profitable à sa patrie, et quelques jours après, arrivé au bord de la mer, il y entra, armé (p. 016) de son épée et de son écu, en prit possession au nom de son maître, et fit serment de la lui conserver[9]. Il revint par une autre route à Santa-Maria, non sans avoir fréquemment combattu. À la réception de sa dépêche, la cour d'Espagne fut ravie. Elle crut tenir enfin la clef des trésors des Grandes-Indes, où puisaient alors les Portugais. On résolut d'envoyer des troupes à Santa-Maria et dans la contrée nouvellement explorée, afin de poursuivre ce qui avait été commencé si heureusement; mais les affaires d'Amérique ou, comme on a dit jusqu'à la fin, *des Indes*, étaient dirigées par un de ces êtres malfaisants à qui la gloire de leur prochain est insupportable, et dont le bonheur consiste à torturer les nobles caractères auxquels ils voient la foule apporter son admiration et son respect: race venimeuse qui empoisonne l'existence des hommes de génie, sans s'inquiéter du dommage ainsi causé à la chose publique. C'était ce Fonseca qu'on avait vu astucieusement acharné contre Colomb, même du vivant de la reine Isabelle, sa protectrice; le même qui poursuivit de sa haine perfide l'illustre amiral jusque dans ses héritiers, et qui, pour mettre le comble à ses infâmes artifices, trempa dans un complot pour assassiner Cortez, lorsque celui-ci eut acquis une immense renommée.

(p. 017) Fonseca, au lieu de donner le commandement à Balboa, choisit un homme dépourvu de titres, Pedro Arias de Avila (appelé dans les chroniques Pedrarias Davila). Un des premiers actes de Pedrarias fut d'infliger, sous prétexte de quelques irrégularités commises longtemps auparavant et en d'autres contrées, une grosse amende à Balboa, quoique celui-ci, à la tête de quatre cent cinquante hommes prêts à le suivre jusqu'au bout du monde, se fût empressé de se soumettre à son autorité. Quelques années plus tard, quand Balboa se fut signalé par de nouveaux exploits, lorsqu'il se préparait à cingler du côté du Pérou, qu'on n'avait pas atteint encore, Pedrarias, qui s'était un moment réconcilié avec lui, et lui avait même donné sa fille, le fit arrêter, condamner à mort par des affidés, et exécuter malgré les supplications des colons.

L'existence des deux océans une fois avérée, on ignorait si l'Amérique ne formait qu'un continent ou si elle se partageait en plusieurs masses séparées par des détroits. Dès les toutes premières années du XVIe siècle, dans un intervalle de quinze ans, à partir du premier départ de Colomb, les découvertes s'étaient pourtant prodigieusement étendues. Non seulement Colomb, à son troisième voyage, avait mouillé à l'embouchure de l'Orénoque[10], et, au quatrième, était descendu dans l'isthme à la (p. 018) province de Veragua; mais, dès 1497, le fils d'un Vénitien établi à Bristol, Sébastien Cabot, envoyé par le gouvernement anglais, avait visité les rivages brumeux et froids du Labrador, et, en 1498, avait longé la côte depuis la baie d'Hudson, qui touche à la mer Glaciale, jusqu'à la pointe méridionale de la Floride. En 1499 et 1500, le Florentin Améric Vespuce, avec Juan de la Cosa, sous Alonzo de Ojeda, avait reconnu le continent de l'Amérique méridionale, depuis le golfe de Darien, sur la côte du Venezuela et de la Guyane, et s'était rapproché de l'équateur au point de n'en être plus qu'à 3 degrés terrestres ou 350 kilomètres. En 1500, l'un des plus infatigables compagnons de Colomb, voyageant pour son propre compte, Vicente Yañes Pinzon, pareillement en compagnie de Vespuce, avait pris possession du cap Saint-Augustin[11], et avait découvert l'embouchure du fleuve des Amazones. C'était la première fois que les Espagnols pénétraient en Amérique dans cet hémisphère austral où, du côté de l'Afrique, depuis longtemps les navigateurs portugais avaient étendu leur domaine. En 1500, l'un des trois Cortereal, Français extraordinaires par leur bravoure, plus remarquables encore par leur dévouement fraternel, avait fait un voyage de découverte vers l'embouchure du Saint-Laurent du Canada, pour le roi de Portugal. La même année, un Portugais, Pedro Alvarez (p. 019) Cabral, avait par hasard découvert le Brésil en se rendant aux Indes par le cap de Bonne-Espérance, et plusieurs navigateurs s'y étaient rendus après lui, entre autres Vespuce, naviguant alors pour le roi de Portugal. Des expéditions clandestines s'étaient faites, et avaient répandu beaucoup de notions qu'on trouve consignées sur les cartes du temps. La rumeur populaire les avait grossies. On commençait à sentir que la *création* était *doublée*, comme l'a dit Voltaire en l'honneur de Colomb, et l'on reconnaissait enfin que les pays où l'on était parvenu étaient distincts de l'Inde, de la Chine ou du Japon, quoique Pinzon et Vespuce fussent persuadés, comme Colomb lui-même, qu'ils avaient parcouru les côtes de l'Asie contiguës au Cathay (c'était le nom que portait alors l'empire chinois en Europe).

Un mobile qui exerça toujours une grande influence sur les actions des hommes et les événements de l'histoire, l'émulation, la jalousie, la concurrence (ces différents noms représentent les nuances diverses bonnes ou mauvaises d'un même sentiment), poussait les Espagnols plus avant à l'ouest. Dans l'intervalle du second au troisième voyage de Colomb, mais à une époque telle qu'on ne put le savoir dans la péninsule ibérique qu'après que *l'Amiral*[12] se fut mis en route pour la troisième (p. 020) fois[13], un des plus grands hommes qu'ait vus naître le Portugal, Vasco de Gama, avait découvert la route des Indes par le cap de Bonne-Espérance. Parvenus ainsi dans l'Inde d'Alexandre-le-Grand, dans la populeuse contrée que rendaient célèbre en Europe ses perles et ses épices, les Portugais s'étaient illustrés par des prouesses héroïques, et avaient fait des conquêtes d'où ils avaient rapporté de grandes richesses. Jusque là, au contraire, en cherchant ces mêmes régions, les Espagnols découvraient des espaces vastes sans doute, mais dont l'importance politique et commerciale était actuellement fort mince. Ils avaient à lutter contre la nature plus que contre les hommes, et cette lutte leur semblait sans gloire quoiqu'elle ne fût pas sans péril. Ils trouvaient des peuplades peu nombreuses, primitives et sans civilisation: ils n'étaient entrés encore ni dans l'empire de Montezuma ni dans celui des Incas. Les succès de la cour de Lisbonne troublaient le sommeil de Ferdinand et de ses conseillers. Entre les hommes audacieux qui abondaient alors chez l'un et l'autre peuple, la rivalité était la même qu'entre leurs souverains. L'esprit d'aventure et le désir de faire fortune d'un tour demain, qui est si vif de nos jours, et qui alors était plus ardent encore, excitaient les esprits à se précipiter vers le pays des épices, où (p. 021) l'on s'imaginait qu'il n'y avait qu'à se baisser pour recueillir de la renommée et des trésors. Celui-ci, s'inspirant d'un sentiment plus noble, s'embarquait pour aller convertir les païens et arracher des âmes à l'enfer; celui-là était en quête d'une source merveilleuse qui avait le don de rajeunir quiconque se plongeait dans ses eaux[14]. L'ambition individuelle et la fierté nationale, la soif de l'or, l'ardeur du prosélytisme religieux, la passion du merveilleux et les froids calculs de la politique, étaient d'accord pour lancer ce que l'Espagne avait de plus vaillant du côté de l'Amérique, afin de saisir les Indes, qu'on en supposait au moins voisines. Pour atteindre ce but, il n'y avait, disait-on, qu'à trouver ce qu'on appelait dès lors le *secret du détroit*, c'est-à-dire, entre les diverses terres découvertes par Colomb et ses émules, un bras de mer qui permît de s'avancer tout droit à l'ouest jusques *al nacimiento de la especeria*. De 1505 à 1507, une grande expédition fut préparée à cet effet par la cour d'Espagne. On devait serrer de près la côte du Brésil, afin d'y découvrir ce détroit qu'on désirait, et auquel on croyait, par l'effet de cette illusion qui nous porte à prendre nos souhaits pour des espérances fondées. L'expédition fut un peu retardée, et ne partit que le 29 juin 1508 de San-Lucar. Elle reconnut la côte de l'Amérique méridionale depuis le cap Saint-Augustin, qui est déjà, on l'a (p. 022) vu, dans l'hémisphère austral, jusqu'au Rio Colorado, qui est de 5 degrés (555 kilomètres) au-delà du Rio de la Plata; mais elle passa devant l'embouchure de la Plata sans l'apercevoir. En 1515, deux ans après que Balboa avait vu et touché l'Océan Pacifique, Juan Diaz de Solis, qui avait commandé avec Vicente Yañez Pinzon l'escadrille de 1508, reçut l'ordre de se rendre vers le sud, afin de pénétrer dans cet océan par le détroit qu'on espérait toujours, et de revenir, en remontant vers le nord, par-derrière ce qu'on appelait la Castille d'Or (c'est la partie de la Colombie actuelle attenante à l'isthme), jusqu'à ce qu'il fût à hauteur de l'île de Cuba. Il devait examiner si par là n'existait pas quelque détroit pour retourner. L'intrépide Diaz de Solis descendit en effet le long des côtes du Brésil, entra dans la Plata, qui pendant une douzaine d'années porta son nom (Rio de Solis), jeta l'ancre à l'îlot de Martin Garcia, dont il a été question dans ces derniers temps, et fut massacré par les indigènes avec huit personnes de sa suite. Cette expédition servit seulement à constater que la côte ferme de l'Amérique méridionale s'étendait sans solution de continuité jusqu'à la Plata, et on pouvait inférer du voyage précédent de Diaz de Solis avec Pinzon, qu'il en était de même jusqu'au Rio Colorado.

Les Portugais, braves et entreprenants plus encore que les Espagnols, s'il est possible, cherchaient de leur côté le secret du détroit. Les deux voyages de (p. 023) Gaspar Cortereal, l'un en 1500, l'autre en 1501, étaient dirigés vers le nord, afin de découvrir le *passage du nord-ouest* ou de l'Océan Atlantique au Grand-Océan boréal, que depuis trente ans les Anglais ont recommencé à chercher avec des prodiges de patience, de courage et d'habileté. Quand Gaspar eut péri dans ces épouvantables mers, le second Cortereal, Miguel, fit en 1502 un voyage dans le même but, sans plus de succès[15]. Enfin, en 1517, le Portugais Magellan vint à Valladolid offrir ses services à la cour d'Espagne, et affirma qu'il avait connaissance d'un détroit entre l'Atlantique et le Pacifique, par le sud. Il disait l'avoir vu consigné sur une carte tracée par un géographe fameux de l'époque, Martin Behaim de Nuremberg. C'était une assez mauvaise raison, car d'où Behaim connaissait-il ce détroit? On confia cependant à Magellan une escadrille; il partit, trouva en effet, à la fin d'octobre 1520, le détroit qui conserve son nom, et entra dans le Grand-Océan le 28 novembre de la même année. Mais ce passage était trop reculé pour faciliter les communications avec l'Asie; il servit seulement à gagner le Chili et le Pérou, après que ces deux pays eurent été colonisés[16]. Il était d'ailleurs dangereux, et lorsque le (p. 024) cap Horn eut été reconnu par Lemaire et Schouten, envoyés par les Hollandais, jaloux de pénétrer aussi dans le pays des épices (1616), il fut abandonné par les navigateurs[17], qui préférèrent faire le tour de l'Amérique du Sud jusqu'au bout.

Exactement à l'époque où Magellan découvrait le détroit qui perpétue sa mémoire, Cortez conquérait le Mexique. Durant son amitié passagère avec Montezuma, il interrogea ce prince sur le *secret du détroit*, qui importait tant à sa cour, et sur la possibilité de trouver sur le littoral mexicain de l'Atlantique un mouillage moins mauvais que celui de la Vera-Cruz. Selon une dépêche de Cortez à

Charles-Quint, du 30 octobre 1520, l'empereur aztèque, sur sa demande, lui remit une carte de la côte, où les pilotes espagnols reconnurent l'embouchure d'une grande rivière que Cortez envoya étudier par Diego Ordaz: c'était le Guasacoalco. On sut bientôt qu'il n'y avait pas de détroit en ce point; mais il fut constaté qu'entre les bouches du Guasacoalco et Tehuantepec, le continent s'amincit et présente un isthme où une communication rapide serait facile d'une mer à l'autre par le Guasacoalco et le Chimalapa. De grands établissements furent élevés à Tehuantepec. On y plaça de vastes chantiers (p. 025) de constructions. L'expédition de Hernando de Grijalva, qui fit voile pour la Californie, en 1534, afin de découvrir le détroit désiré, non moins que pour conquérir de nouvelles terres, sortit de Tehuantepec, et les navires sur lesquels Cortez s'embarqua à Chametla pour la même destination avaient été construits de même à l'embouchure du Rio Chimalapa, avec des matériaux venus par le Guasacoalco.

Bientôt l'espoir d'un détroit voisin du golfe du Mexique, ou situé dans les espaces où s'étend l'isthme, fut détruit de toutes parts. Cependant on continua à le chercher plus au loin. Les Portugais avaient renoncé à leurs explorations du nord-ouest; les Anglais commencèrent les leurs. Au commencement du XVIIe siècle, et même dès les dernières années du XVIe, on vit apparaître successivement Davis, Hudson et Baffin, qui laissèrent leurs noms à différents parages qu'ils avaient visités les premiers. Plus tard encore on se mit à rechercher le passage par cette voie, non d'Europe en Asie, mais d'Asie en Europe. Dans les premières années du XVIIIe siècle, le Suédois Behring, naviguant pour le compte de la Russie, prouva que le continent américain était séparé du continent asiatique, et mourut de misère dans l'île qui a gardé son nom, près du détroit qui le conserve aussi. Le troisième voyage de Cook avait pour objet de passer par le nord d'Asie en Europe. M. de Chateaubriand s'était préoccupé, dans sa jeunesse, du passage du nord-ouest; il fut au moment (p. 026) de le poursuivre de sa personne, et quand il rendit visite à Washington, il l'en entretint avec transport. C'est dans ces mers glacées du nord-ouest que de nos jours se sont illustrés les Parry, les Ross et plusieurs autres navigateurs britanniques. Du côté du midi, après la découverte du cap Horn, les recherches durent cesser. Cependant on conçut encore quelque espoir, en 1790, de trouver une communication entre le golfe de Saint-George, dépendance de l'Atlantique, située par 45 et 47 degrés de latitude australe, c'est-à-dire à 700 kilomètres en-deçà du détroit de Magellan, et les bras de mer de la côte du Chili. Une expédition, envoyée alors par la cour d'Espagne, constata que l'idée était chimérique.

Que l'Espagne était majestueuse et belle au XVIe siècle! Que d'audace, que d'héroïsme et de persévérance! Jamais on n'avait vu tant d'énergie, d'activité; jamais non plus tant de bonheur. C'était une volonté qui ne connaissait pas d'obstacles. Une poignée d'hommes conquérait des empires sur des populations innombrables et courageuses comme celles du Mexique. Leurs entreprises matérielles étaient au niveau de leurs hauts faits sur le champ de bataille, et de leurs gestes politiques. Rien ne les arrêtait, ni les fleuves, ni les solitudes, ni les montagnes, dont rien n'approche en Europe. Ils bâtissaient des villes superbes, et tiraient des flottes des forêts en un clin d'œil; on avait vu Cortez, au siége de Mexico, lancer sur les lacs *seize mille* embarcations. On eût dit un peuple de géants ou de demi-dieux. On pouvait (p. 027) croire que tous les travaux propres à relier les climats ou les océans les uns aux autres allaient s'accomplir à la voix des Espagnols comme par enchantement; et puisque la nature n'avait pas ménagé de détroit au centre de l'Amérique, entre l'Atlantique et la mer du Sud, eh bien! tant mieux pour la gloire de l'espèce humaine! on y suppléerait par des communications artificielles. Qu'était-ce, en effet, pour des hommes pareils? Cette fois c'en était fait; il ne devait plus rester rien à conquérir, et la terre allait se trouver trop petite.

Certes, si l'Espagne fût demeurée ce qu'elle était alors, on l'eût vue, en effet, créer ce qu'on s'était flatté de trouver tout fait par la nature. Elle eût creusé un canal ou même plusieurs canaux pour tenir lieu de ce détroit tant cherché. Les hommes de science le lui conseillaient. En 1551, Lopez de Gomara, auteur d'une *Histoire des Indes* «faite, dit M. de Humboldt, avec autant de soin que d'érudition,» proposait la réunion des deux océans par des canaux, en trois points qui sont précisément les mêmes où en ce moment on s'en occupe, ainsi qu'on le verra tout-à-l'heure: 1º Chagres, 2º Nicaragua, 3º Tehuantepec. Mais le feu sacré s'éteignit tout-à-coup en Espagne. La péninsule eut pour la gouverner pendant un long règne un prince qui mit sa gloire à emmailloter la pensée, et qui gaspilla une puissance immense en vains efforts pour l'enchaîner hors de ses domaines dans toute l'Europe: ce fut Philippe II. De ce moment l'Espagne (p. 028) engourdie devint étrangère aux innovations des sciences et des arts, à l'aide desquelles d'autres peuples, et particulièrement l'Angleterre et la France, développaient leur grandeur et leur prospérité. Si à partir de cette époque elle s'appropria quelques unes de ces innovations qui étendent la force de l'homme, ce fut seulement dans les arts de la guerre; car l'Espagne a conservé jusqu'à la fin du XVIIIe siècle un corps d'artillerie savant, des ingénieurs militaires éminemment recommandables, et d'habiles marins. Après que la France eut donné l'exemple des canaux à point de partage, et que le canal du Midi eut montré que l'on pouvait ainsi gravir les crêtes en bateau, il ne paraît pas que le gouvernement espagnol ait sérieusement voulu se servir de ce procédé pour établir une communication dans l'isthme entre la mer des Antilles et la mer du Sud. Le mystère dont étaient enveloppées les délibérations du conseil des Indes n'est pas toujours demeuré tellement profond qu'on n'ait pu savoir ce qui s'y était passé. M. de Humboldt, auquel le gouvernement espagnol ouvrit libéralement l'accès et de ses colonies, et, ce qui est plus surprenant, de ses archives, trouva dans ces dernières plusieurs mémoires sur la possibilité d'une jonction des deux océans par le lac de Nicaragua; mais dans aucun de ceux qui sont arrivés à sa connaissance, le point principal, dit-il, qui est la hauteur du terrain dans l'isthme, ne se trouve éclairci: l'illustre voyageur fait même remarquer que ces mémoires sont français (p. 029) ou anglais. Depuis le jour, glorieux dans l'histoire des conquêtes de la civilisation, où Balboa traversa l'isthme de Panama, le projet d'un canal entre les deux océans a occupé tous les esprits. Dans les conversations des posadas espagnoles, on s'en entretenait comme d'une légende; et quand par hasard passait un voyageur venant du Nouveau-Monde, après lui avoir fait raconter les merveilles de Lima et de Mexico, la mort de l'inca Atahualpa et la défaite sanglante des braves Aztèques, après lui avoir demandé son opinion sur l'Eldorado, on le questionnait sur les deux océans, et sur ce qui arriverait si on parvenait à les joindre. Dans toute l'Europe, on en berçait l'imagination des écoliers. Seul le gouvernement espagnol n'en prenait aucun souci. Il y a vingt années encore, c'était un des romans de l'esprit humain; l'idée était restée à l'état fantastique; il n'en existait pas une étude que le plus modeste de nos ingénieurs des ponts et chaussées n'eût jugée indigne de lui.

Dès 1520 et 1521, Cortez pensait à une jonction des deux océans: il l'établit même grossièrement par le moyen d'une route unissant le Chimalapa au Guasacoalco. À la fin du XVIIIe siècle, alors que l'Espagne semblait vouloir, sous Charles III, sortir de sa léthargie, on se remit à parler vivement d'une communication navigable, au Mexique, par ce même isthme de Tehuantepec, et dans le royaume de Guatimala, par le lac de Nicaragua; mais il ne se fit, de part et d'autre, que des études sommaires (p. 030) et défectueuses, et cette étincelle de zèle disparut. Autour du lac de Nicaragua, tout resta comme par le passé. Si dans l'isthme de Tehuantepec, en 1798, on ouvrit une route de terre de 140 kilomètres, de la ville de Tehuantepec au confluent du Saravia avec le Guasacoalco, cette route était si mauvaise, et de nombreux changements de véhicules jusqu'à la Vera-Cruz gênaient tellement le commerce, que vers 1804 on voyait souvent, ce qui doit subsister encore aujourd'hui, les marchandises aller de Tehuantepec à la Vera-Cruz, par la direction de Oaxaca, à dos de mulet. Pendant le cours de la guerre entre Napoléon et l'Angleterre, tant que l'Espagne fut l'alliée de la France, l'indigo de Guatimala, le plus précieux des indigos connus alors, vint par cette dernière voie au port de la Vera-Cruz, et de là en Europe. Le prix du transport était de 30 piastres par charge (de 138 kilogrammes), et les muletiers employaient trois mois pour faire un trajet qui en ligne droite est de 320 kilomètres. Pour prendre nos mesures françaises, c'était sur le pied de 3 fr. 40 c. pour 1,000 kilogrammes et pour chaque kilomètre de la distance à vol d'oiseau. Par la route de Tehuantepec à l'embarcadère du Saravia, si elle eût été en bon état, et par le Guasacoalco, la dépense eût été réduite des trois quarts au moins en argent et en temps. Sur un canal en bon entretien, les prix de transport, avec un droit de péage, varient de 5 à 10 centimes habituellement par 1,000 kilogrammes et par kilomètre parcouru, et en (p. 031) France le roulage ordinaire se contente de 20 à 25 centimes.

Au XVIIe et au XVIIIe siècle, l'Espagne avait besoin d'un bon service de transports dans l'isthme de Panama. Les trésors du Pérou s'expédiaient en Europe par la voie de Panama, et se rendaient, au travers de l'isthme, de Panama à Porto-Belo, d'où les galions les emportaient. Cependant, entre Panama et Porto-Belo, il n'y eut jamais qu'une détestable route. Quelquefois on envoyait des marchandises d'Europe à Panama en les faisant arriver à Chagres, d'où elles remontaient en bateau jusqu'à Cruces. De Cruces à Panama, elles allaient à dos de mulet sans qu'il y eût seulement un cantonnier pour veiller au chemin. C'était par là pourtant que s'acheminaient les voyageurs se rendant du Pérou ou du Chili à la Nouvelle-Grenade, au Venezuela, ou aux autres possessions espagnoles du littoral de l'Atlantique. Les relations les moins irrégulières qu'il y eût entre les deux océans étaient du port d'Acapulco à la Vera-Cruz par Mexico. Le trajet à vol d'oiseau est de 613 kilomètres, et, avec les détours, de 800 kilomètres au moins, et il faut plusieurs fois s'élever à des hauteurs très grandes pour redescendre dans de profonds vallons[18]. C'est ainsi (p. 032) que l'Espagne entendait l'art des communications dans ses domaines du Nouveau-Monde, d'où avec un bon système de transports elle eût tiré des trésors infinis; car ils étaient si vastes, qu'il s'en fallait d'un quart seulement qu'ils n'égalassent la demi-surface de la lune, et en fertilité et en richesse ils étaient plus remarquables encore qu'en étendue. Agir de la sorte pour les communications en général et pour les rapports entre les deux océans que sépare l'Amérique en particulier, c'était méconnaître ses intérêts, froisser ceux de la civilisation et légitimer sa propre déchéance; car si dans les affaires privées la propriété implique le droit d'abuser ou de ne pas user, il n'en est pas de même dans celles de la civilisation. Ici subsiste, de droit divin, une loi de confiscation contre les États qui ne savent pas tirer parti du *talent* que le maître leur a confié, ou qui s'en servent contrairement à quelques uns[19] des penchants les plus invincibles de la civilisation, comme est celui du rapprochement des continents et des races. Ce droit extrême est écrit trop souvent en lettres de sang et de feu à (p. 033) toutes les pages de l'histoire pour qu'il soit possible de le révoquer en doute.

Nous arrivons ainsi aux temps modernes. Pour mieux apprécier ce qui a été fait ou projeté et ce qui est à faire, posons plus explicitement la question; rendons-nous compte, autant que possible, avec détail, de l'objet qu'on doit se proposer en perçant l'isthme, ainsi que des facilités et des obstacles que l'isthme présente à qui recherche les moyens de le percer.[Table des matières]

(p. 035) CHAPITRE III.

NATURE ET PROPORTIONS DE LA COMMUNICATION À ÉTABLIR.

Objet de la communication à ouvrir.—Services à attendre du percement de l'isthme pour l'Europe.—Les voyages qu'on abrégerait sont ceux qui ont lieu par le cap Horn; énumération des contrées où l'on se rend d'Europe par cette voie.—Pour la Chine et le Japon, eu égard à la régularité des vents, aux courants et à la beauté de la mer, il y aurait, malgré un plus long trajet, économie de temps et accroissement de sécurité à l'aller, mais non au retour.—Avantages de l'Océan *Pacifique*.—Le percement de l'isthme profiterait encore davantage aux États-Unis.—Bons effets à en espérer pour le versant occidental de l'Amérique, plus retardé que celui qui regarde l'Europe.—La communication devrait s'effectuer au moyen d'un canal; ce canal devrait être praticable pour les grands bâtiments du commerce et pour les navires à vapeur de l'ordre des paquebots transatlantiques.—Un canal sur une échelle moindre serait d'utilité locale et ne profiterait à l'Europe qu'indirectement.—Des dimensions à donner au canal.—Exemples (p. 036) du canal Calédonien et du canal hollandais du Nord, qui sont des canaux maritimes.—Dimensions des canaux ordinaires en France, en Angleterre, aux États-Unis.—Ce qu'ont coûté les canaux Calédonien et du Nord, et les canaux ordinaires français, anglais et américains.—Prix d'une grande écluse à Brest.—Nécessité pour un canal maritime de déboucher au mouillage même des navires; à Panama cette condition ne se remplirait pas très aisément.—Conditions de salubrité à remplir; on y satisferait par le creusement même du canal.

Et d'abord serait-ce un canal ordinaire qu'il faudrait? Quelle serait même la nature de la communication à ouvrir? Devrait-on rester fidèle à l'idée d'un canal, ou conviendrait-il d'adopter ces voies perfectionnées où la vapeur fait glisser sur le fer, avec une rapidité inouïe et une économie toujours croissante, les plus pesants fardeaux? Si l'on préfère un canal, quelles devront en être les proportions? Afin de répondre pertinemment à ces questions, il faut d'abord s'interroger sur le but dans lequel on percerait l'isthme.

Les services à attendre d'un canal au travers de l'isthme de Panama ne sont pas tout-à-fait les mêmes pour les Européens ou pour les peuples de l'Amérique. Pour l'Europe, il n'abrégerait pas le voyage de la Chine ou des Grandes-Indes, et encore moins celui des îles de la Sonde, où la Hollande possède d'admirables colonies, et où l'on doit supposer que d'autres peuples, alléchés par les succès des Néerlandais, ne tarderont, pas à en fonder de nouvelles. La navigation d'Europe en Chine et aux Indes se fait par le cap de Bonne-Espérance, et il (p. 037) semble que, s'il y a un isthme à trancher pour abréger ce long pèlerinage, ce soit celui de Suez. Règle générale, les voyages qu'on raccourcirait en perçant l'isthme de Panama sont, avant tout, ceux qui ont lieu en doublant le cap Horn, extrémité de l'Amérique méridionale. Or, l'on passe par le cap Horn pour aller d'Europe au Pérou, sur la côte occidentale du Mexique, ou dans les possessions attenantes des États-Unis, de l'Angleterre et même de la Russie. C'est par le cap Horn qu'on se rend dans certains parages de l'Australie, dans la Nouvelle-Zélande, aux îles Marquises, aux îles de la Société, à ces innombrables archipels de la mer du Sud qui appellent des maîtres, aux îles Sandwich, que convoite plus d'une puissance maritime, parce qu'elles occupent entre l'Amérique du Nord et les régions de la Chine et du Japon une position comparable à celle de Malte entre l'Espagne, la France, l'Italie, d'un côté, et les rivages du Nil ou la Syrie de l'autre. Pour activer les relations de l'Europe avec ces vastes pays, pour que les essaims de nos races aillent les féconder, la rupture de l'isthme de Panama serait extrêmement avantageuse.

À l'égard de la Chine et du Japon, à ne considérer que les distances, il n'y aurait, disons-nous, aucun profit à en espérer. Le tour du monde étant représenté par 360 degrés de longitude, la Chine, en prenant le chemin de Panama, est à 230 degrés de nous, c'est-à-dire aux deux tiers de la circonférence terrestre; par l'autre route, au contraire, (p. 038) abstraction faite du grand circuit que l'on décrit autour de l'Afrique quand on double le cap de Bonne-Espérance, le trajet n'est que de 130 degrés, un seul tiers. Cependant la zone comprise entre les tropiques présente au navigateur qui cingle vers l'ouest, avec une mer presque toujours sereine, un autre avantage inappréciable: toute l'année, le souffle des vents alizés y gonfle les voiles des navires lancés dans la direction de l'est à l'ouest; au sein des flots eux-mêmes, un courant aussi ancien que le monde, aussi imperturbable que les lois de la gravitation universelle (le *gulf stream* des Anglais, le courant équatorial des autres géographes) pousse tout autour de la terre les navires dans le même sens. Du Havre ou de Londres à Canton, autour du cap de Bonne-Espérance, en coupant ainsi la ligne deux fois, le parcours est de 24,500 kilomètres; par l'isthme de Panama, il serait de 27,000[20]. Mais cet excédant de parcours serait plus que compensé par l'assistance des vents alizés et du courant équatorial, et par l'absence de tout péril pendant la majeure partie de l'année[21]. Imaginez qu'on a (p. 039) pu faire le trajet d'Acapulco à Manille sur une simple chaloupe pontée[22]; il y a 16,500 kilomètres, trois fois la distance de la côte d'Afrique aux Antilles. En somme, pour aller d'Europe en Chine, un navire qui prendrait la voie de l'isthme économiserait une quinzaine de jours sur un voyage qui dure de quatre mois à quatre mois et demi; mais on ne pourrait revenir par la même route, parce qu'alors on aurait contre soi le courant équatorial et les vents alizés. Pour atteindre la baie de Noutka,—dans l'archipel de Quadra et Vancouver, sur la côte du nord-ouest de l'Amérique, là où s'est fait un grand commerce de fourrures,—ou près de là, l'embouchure de la rivière Columbia, qui traverse le territoire d'Oregon, dépendant des États-Unis, un vaisseau parti d'Europe fait, en doublant le cap Horn, 27,500 kilomètres; en traversant l'isthme de Panama, il n'en aurait plus que 16,500 à parcourir. Pour gagner le Pérou, le revers occidental de l'Amérique Centrale, et les ports mexicains d'Acapulco, de San-Blas et de Mazatlan, l'avantage serait très marqué aussi; de même pour les îles Marquises, les Sandwich, et les archipels inhabités du Grand-Océan. Quant à la Nouvelle-Hollande, il en serait comme pour la Chine. Enfin tout le monde comprend que les navires qui, allant en Chine, se proposeraient de toucher à l'un des ports de la côte (p. 040) occidentale de l'Amérique, depuis le Chili jusqu'à la baie de Noutka, devraient se diriger par l'isthme de Panama.

Le problème se présente en des termes différents pour les États-Unis. Ce peuple éminemment navigateur a déjà des relations étendues avec la Chine et avec tous les pays riverains du Grand-Océan boréal ou austral. Il se livre avec ardeur et succès à la pêche.

Il possède sur la côte du nord-ouest du nouveau continent le vaste territoire de l'Oregon, vers lequel le flot de la population est impatient de se porter par l'intérieur, et qui se coloniserait rapidement, si l'on pouvait s'y rendre par mer au lieu d'escalader les Montagnes Rocheuses et de franchir les déserts qui bordent le Mississipi à droite, ou qu'arrose le Missouri sans pouvoir les fertiliser. La coupure de l'isthme serait donc, toutes choses égales d'ailleurs, d'un immense intérêt pour les États-Unis; mais toutes choses ne sont pas égales. Les États-Unis sont plus que l'Europe voisins de l'isthme, et ainsi, pour eux, le bénéfice du percement ressort plus manifeste. Pour se rendre de New-York ou de la Nouvelle-Orléans à Guayaquil, à Lima, à Valparaiso, la route de l'isthme serait presque en ligne droite. De New-York ou de Boston à Canton, il y a, par la route actuelle du cap de Bonne-Espérance, 25,000 kilomètres; par l'isthme de Nicaragua, il n'y en aurait plus que 23,300. Relativement à cette destination, le passage de l'isthme allonge pour l'Europe; il raccourcit pour (p. 041) les bâtiments des États-Unis. De Boston ou de New-York à l'embouchure de la rivière Columbia, dans l'Oregon, la distance par le cap Horn est de 28,500 kilom.; par l'isthme, elle serait réduite à 14,000, la moitié.

Ainsi, pour reproduire à peu près les expressions de M. de Humboldt, les principaux objets de la coupure de l'isthme américain sont: la prompte communication d'Europe et d'Amérique aux côtes occidentales du nouveau continent, le voyage de la Havane et des États-Unis à la Chine, aux Philippines, et même un jour au Japon, quand notre audacieuse race de Japhet aura forcé cet autre empire de l'extrême Orient à sortir de son isolement superbe, ainsi qu'elle vient de le faire pour la Chine; la colonisation de l'Oregon et des îles du Grand-Océan, la navigation d'Europe ou des États-Unis en Chine avec escale sur la côte occidentale de l'Amérique, et enfin la grande pêche du cachalot. Quant aux expéditions directes d'Europe en Chine, elles s'achemineraient par là tout au plus à l'aller, mais non pas au retour.

La civilisation est fort retardée sur le versant de l'Amérique qui touche à l'Océan Pacifique, et elle pénètre à peine dans les archipels du Grand-Océan; le versant oriental du nouveau continent, par cela seul qu'il a été plus accessible à l'Europe, se trouve bien plus avancé[23], car c'est notre Europe qui (p. 042) répand à flots la lumière sous laquelle s'épanouissent l'intelligence et l'activité des nations. L'équilibre se rétablirait, si l'isthme s'abaissait sous la main de l'Europe, et la navigation du canal de l'isthme s'en ressentirait.

L'isthme lui-même, qu'occupaient avant la conquête des nations dont la puissance est attestée par les monuments qu'une végétation d'une vigueur luxuriante n'a pu encore achever de détruire, terre fortunée, si quelqu'une peut l'être quand le travail n'y anime pas l'homme et n'y maîtrise pas les forces de la nature; l'isthme, transformé en un carrefour où se réuniraient les productions de toute l'Amérique et de l'archipel des Antilles, aurait pour le commerce un vif attrait qui déterminerait le plus souvent son choix en faveur de cette route.

La destination d'une communication dans l'isthme une fois fixée, la nature de cette communication s'ensuit. Quand le but est bien connu, les moyens se révèlent vite. C'est une voie maritime qu'il faut, un canal praticable pour de grands navires. Hors de là il n'y a pas de choix, tout se vaut: petit canal, chemin de fer ou chaussée pavée ou macadamisée, tout est également bon, ou plutôt rien n'est bon. L'isthme, véritablement, ne sera point percé tant qu'il n'offrira pas un canal par lequel un trois-mâts (p. 043) parti de Bordeaux ou de Liverpool puisse sans désemparer, sans s'arrêter plus de deux ou trois jours dans l'isthme, aller tout droit jusqu'à Canton, si tel est son bon plaisir. Toute communication qui exigerait des transbordements serait pour le commerce général comme si elle n'existait pas.

Le canal de l'isthme de Panama est une œuvre d'avenir; or, sans se faire illusion, on peut regarder la navigation à vapeur, ou tout au moins la navigation mixte, employant concurremment ou successivement la vapeur et la voile, comme destinée à largement empiéter dans un avenir prochain sur la navigation exclusive à la voile; on devra donc adapter le canal aux grands navires à vapeur de l'ordre des paquebots transatlantiques, autant qu'on a déjà des idées arrêtées sur les proportions de ces bâtiments.

Telles sont les bases du programme du percement, de l'isthme. À toute œuvre conçue différemment, l'Europe n'aurait rien à voir, aucun secours à apporter.

Il faut cependant bien s'entendre. Nous maintenons que toute communication autre qu'un canal praticable au moins aux grands navires du commerce n'apporterait directement aucune amélioration, aucune extension aux rapports de l'Europe avec les régions éloignées que baigne le Grand-Océan, et ne serait pas digne de la sollicitude de la France ou de l'Angleterre. Toutefois des ouvrages plus modestes exerceraient des effets salutaires sur (p. 044) la contrée qu'ils traverseraient. Dans nos régions européennes bien percées dans tous les sens, nous ne nous faisons pas une idée de ce que c'est qu'un pays dépourvu de moyens de transport; nous n'avons pas la mesure des embarras que la civilisation y rencontre. Ce sont choses qu'on n'apprécie qu'après les avoir vues. Une zone de vingt lieues de large sans chemins oppose à l'avancement de l'esprit comme aux innovations matérielles une barrière plus insurmontable que l'inflexible volonté du tyran le plus habile et le mieux servi. Une bonne route, longue de vingt-cinq lieues dans l'isthme de Tehuantepec, entre le port de Tehuantepec et le Guasacoalco, là où il est constamment navigable, opérerait une révolution ailleurs que dans l'isthme. Tout l'empire mexicain en éprouverait l'heureuse influence; non seulement ou verrait les terres fertiles et salubres de l'intérieur de l'isthme renaître à la culture et la plaine de Tehuantepec se couvrir une seconde fois des riches récoltes qui l'embellissaient avant la conquête et avant les boucaniers, mais toutes les relations seraient transformées entre le littoral oriental et celui de l'occident. Le courant européen s'épancherait alors sur l'ouest du Mexique, qu'aujourd'hui il ne peut atteindre. Un service passable de navigation fluviale par le lac de Nicaragua entre les deux océans aviverait de même les admirables rives du lac, et imprimerait un nouvel essor à l'homme sur les rivages occidentaux de l'Amérique Centrale, parce que l'infatigable Europe aurait enfin (p. 045) prise sur ces pays. De même de toute ouverture pratiquée d'une mer à l'autre, le fût-elle sur d'humbles proportions. Un pareil ensemble de communications locales et spéciales aurait, il faut le reconnaître, des effets généraux dont l'Europe se ressentirait sans doute indirectement. Mais, dans ce qui précède, j'ai raisonné comme un fils de l'Europe s'occupant avant tout des intérêts de cette grande patrie, avec la conviction que ce qui profite directement à l'Europe sert le genre humain. J'ai recherché ce qui importait à l'Europe, ce qui lui allongeait les bras, et c'est en ce sens que j'ai recommandé exclusivement un canal maritime. D'ailleurs, si l'isthme de Panama est largement percé, ce sera l'Europe qui en aura fourni les fonds; il est donc permis de songer à elle, quand on cherche à déterminer les caractères que doit avoir l'entreprise.

Je n'ai point la prétention d'indiquer ici les dimensions à donner au canal des deux océans. Je crois cependant qu'il conviendrait de s'écarter peu de celles qu'on a adoptées sur deux canaux maritimes que l'Europe possède, le canal Calédonien, traversant de part en part la Haute-Écosse, et le canal du Nord, d'Amsterdam aux environs du Helder, praticables l'un et l'autre pour les grands bâtiments de commerce, et même pour des frégates. Ils ont été ouverts depuis la paix. Le premier a une largeur de 122 pieds anglais (37 mètres 10 centimètres) à la ligne d'eau; c'est plus qu'il ne faut (p. 046) pour toute espèce de bâtiments. Sa profondeur est de 20 pieds (6 mètres 10 centimètres), ce qui suffirait pour un navire de 800 à 1,000 tonneaux, c'est-à-dire pour les plus gros bâtiments de commerce. Le tirant d'eau d'un paquebot transatlantique en pleine charge est de 5 mètres 25 centimètres; mais il faut sous la quille d'un pareil navire, dans un canal, un demi-mètre d'eau. Ainsi un paquebot transatlantique traverserait commodément un canal de 5 mètres 75 centimètres de profondeur, et l'on peut croire que, sous le rapport du tirant d'eau, ces navires à vapeur de 450 chevaux resteront à peu près ce qu'ils sont aujourd'hui. Les proportions similaires du canal du Nord ne diffèrent guère de celles du canal Calédonien; elles sont de 38 mètres et de 6 mètres 32 centimètres. Les écluses du canal Calédonien, qui sont assez nombreuses, ont 52 mètres 46 centimètres de long sur 12 mètres 20 centimètres de large. Il faudrait les allonger d'une vingtaine de mètres et les élargir de 6 et $1/2$ pour qu'elles pussent recevoir les paquebots transatlantiques tels qu'on les construit aujourd'hui. Les canaux à grande section, en France, ont 15 mètres de largeur à la ligue d'eau, et 1 mètre 65 centimètres de profondeur[24]; leurs écluses ont 32 mètres 50 centimètres de long sur 5 mètres 20 centimètres de large. Les (p. 047) canaux anglais et américains sont un peu moindres[25]. Des canaux semblables au canal Calédonien et au canal du Nord coûtent beaucoup plus cher que les autres. Chez nous, les canaux de 1821 et 1822 ont coûté en moyenne 125,000 fr. par kilomètre, et les canaux plus récemment entrepris, de la Marne au Rhin, de l'Aisne à la Marne, et latéral à la Garonne, reviendront à 300,000 fr. Les canaux anglais, de dimensions exiguës comme ils sont, ont exigé 135,000 fr., et les canaux américains n'ont réclamé que 101,000 fr. en moyenne. Le canal Calédonien, sur un développement de 34 kil. et 1/2[26], a coûté 25 millions de fr., soit 725,000 par kilom. Le canal du Nord paraît avoir coûté, en tout, une même somme pour un parcours plus que double, 81 kilom., soit 310,000 fr. par kilom.; mais il n'a pas d'écluses, si ce n'est à ses deux extrémités[27]. La construction d'une écluse en France, sur un canal ordinaire à grande section, grâce à l'habileté qu'ont acquise nos ingénieurs, revient maintenant à (p. 048) 75 ou 80,000 fr. Au prix de Brest, où la maçonnerie hydraulique se fait à bon compte, une écluse destinée aux paquebots transatlantiques de 450 chevaux coûterait, pour la maçonnerie et les portes, et par conséquent sans les fouilles à opérer pour en ménager le lit en terre et sans les pilotis des fondations quand il y a lieu, 350,000 francs; disons tout compris 400,000 francs au moins. Pour un vaisseau de ligne à trois ponts, à Brest, c'est 50,000 francs de plus, quoique l'écluse des navires à vapeur de 450 chevaux soit plus longue et plus large; mais elle est moins profonde, parce qu'un navire à vapeur de 450 chevaux, tel que *le Christophe Colomb* ou *le Canada*, qui ont été construits à Brest, n'a, en charge, qu'un tirant d'eau de 5 mètres 25 centimètres, et qu'un grand vaisseau à trois ponts comme *le Valmy* cale 7 mètres 95 centimètres[28].

Cette condition d'un canal maritime qui permette aux navires européens ou anglo-américains de se (p. 049) rendre, sans rompre charge, d'un océan à l'autre jusqu'à Lima, Acapulco ou Macao, en entraîne une autre qu'il ne faut pas passer sous silence. Le canal devra être en jonction immédiate avec la pleine mer. Je veux dire qu'il devra, par chacune de ses extrémités, déboucher dans un port offrant un mouillage suffisant aux navires, non pas seulement à une certaine distance du rivage, mais tout juste contre la terre ferme. En beaucoup de ports, à Panama, par exemple, le mouillage est un peu éloigné de terre. Le chargement et le déchargement s'opèrent par l'intermédiaire de pirogues ou d'autres alléges. Ce n'est qu'un médiocre inconvénient en un port qui est un terme de voyage: il en résulte un petit surcroît de frais pour déposer ou prendre une cargaison, mais peu importe alors. Aux issues d'un canal océanique, au contraire, ce ne serait rien moins qu'une interruption de la navigation. Autant vaudrait une muraille en travers, de cent pieds d'élévation, par le beau milieu du canal. Cette clause supplémentaire du programme ne sera pas aisée à remplir, et un savant capitaine de vaisseau de notre marine royale, qui revient des parages de l'isthme, me disait avec infiniment de raison qu'elle lui semblait devoir donner plus d'embarras que le creusement même d'un canal de 5 à 6 mètres de profondeur entre les deux océans. Enfin ce caractère de canal maritime interdit les souterrains. Il faudrait, en effet, même en démontant les mâts de hune, des voûtes plus (p. 050) élevées que celle du Pausilippe, pour que des navires pussent s'y engager, à moins que les constructeurs ne trouvent quelque expédient pour rendre facilement mobile la mâture tout entière.

Nous ne mentionnons pas ici les soins qu'il faudrait prendre pour assurer la salubrité des terres que traverserait le canal. Quelque économie de temps qu'on dût trouver à venir chercher l'isthme, les navires le fuiraient si ce devait être un charnier. Mais on sait que la cause la plus puissante d'insalubrité en ces chaudes régions réside dans les marécages et les eaux stagnantes. Il serait aisé, très probablement, pendant la construction du canal, d'assécher les marais et d'assurer l'écoulement des eaux d'alentour. Le canal lui-même y servirait. Ce seraient deux opérations liées.[Table des matières]

(p. 051) CHAPITRE IV.

DES DIFFICULTÉS QUE LES INGÉNIEURS SONT ACCOUTUMÉS À FRANCHIR EN CREUSANT DES CANAUX.

Différences entre un canal et une rivière; un canal consomme beaucoup moins d'eau; le canal du Midi comparé à la Seine.—Ce qu'on nomme un *bief.*—En quoi consiste une *écluse,* ou appareil en maçonnerie pour passer d'un bief à l'autre.—Ce qu'on appelle la *pente rachetée* par un canal, ou la *chute rachetée* par une écluse; *contre-pente.*—La difficulté d'un canal dépend principalement de la longueur du canal et de la somme des pentes et contre-pentes.—Exemples des longueurs ainsi que des pentes et contre-pentes de canaux français, américains ou anglais.—Conversion de ces canaux, qui sont à dimensions ordinaires, en canaux pareils au canal Calédonien ou au canal hollandais du Nord.—De l'approvisionnement d'eau des canaux.—Les régions des tropiques, surtout dans l'isthme, semblent devoir offrir sous ce rapport plus de facilités que nos pays tempérés de l'Europe.

Après ces réflexions préliminaires, nous pourrions entrer plus avant dans le sujet. Au préalable, (p. 052) pourtant, il n'est pas inutile de donner une idée des difficultés que l'art est accoutumé à affronter et à vaincre, et de déterminer exactement le sens de quelques termes techniques dont nous serons obligé fréquemment de nous servir.

Les canaux, tels qu'on les construit depuis l'invention des écluses par les Italiens au XVe siècle, sont des lignes de navigation fort différentes des rivières. Toute rivière coule dans un lit légèrement en pente, et a un courant plus ou moins fort. C'est ainsi que les anciens s'efforçaient de creuser des canaux, et ils réussissaient rarement dans cette imitation de la nature. Un canal à la moderne n'a pas de courant, et se forme d'une série de bassins creusés de main d'homme, plus ou moins longs, quelquefois de plusieurs lieues, étagés à la suite les uns des autres, chacun parfaitement de niveau. On dirait d'un escalier aux marches très étroites entre la rampe et le mur, mais fort longues dans l'autre sens, tandis qu'une rivière peut se comparer à un plan incliné très doux. Dans une rivière, l'eau coule à des hauteurs très variables, selon les saisons; dans un canal, elle est introduite artificiellement, juste en quantité suffisante pour qu'il y en ait toujours une même profondeur déterminée d'avance. À ces dispositions, on trouve l'avantage non seulement de s'affranchir des courants, mais encore d'obtenir, au moyen d'une quantité d'eau à peine égale à ce que roule un faible ruisseau, une navigation plus permanente et plus commode que celle (p. 053) qu'offrent de grands fleuves. La navigation du canal du Midi, par exemple, est préférable à celle de la Seine, du moins dans l'état où ce beau fleuve est laissé. Cependant la Seine débite, quand elle est au plus bas, après les chaleurs de la canicule, 100 à 120 mètres cubes (100,000 à 120,000 litres) par seconde. Le canal du Midi, en cela remarquable, il est vrai, n'en dépense pas la centième partie. Un mètre cube par seconde suffit à ses besoins.

Faire un canal de niveau d'une extrémité à l'autre, est impossible dans la plupart des cas[29]. Un canal se compose donc, je le répète, de pièces d'eau successives dont chacune est de niveau, et par conséquent sans courant. Ces bassins, appelés *biefs*, s'échelonnent les uns à la suite des autres, comme feraient de longs gradins. Ainsi, d'un bief à l'autre, le niveau change brusquement; communément, la différence de niveau entre deux biefs qui se succèdent est de 2 mètres et demi à 3 mètres. À la séparation de deux biefs est toujours placée une *écluse*, construction en maçonnerie garnie de portes, qui sert à faire passer un bateau du bief supérieur dans le bief inférieur, ou réciproquement. Il n'est personne qui n'ait vu fonctionner une écluse; nous avons en Europe et dans l'Amérique du Nord assez de canaux pour cela. Au surplus, la manœuvre se fait ainsi: une écluse est un (p. 054) passage entre deux murs massifs, long et large autant qu'il le faut pour recevoir un bateau, et fermé de deux portes adossées, l'une au bassin supérieur, l'autre au bassin inférieur. Quand on ouvre la porte d'en haut, en fermant celle d'en bas, l'écluse est en communication avec le bassin supérieur, et l'eau s'y établit au même niveau qu'en ce bassin. Si on ouvre la porte d'en bas en tenant close celle d'en haut, l'écluse est en rapport avec le bassin inférieur, et prend de même son niveau. Le jeu de l'écluse résulte de cette faculté d'y avoir alternativement l'eau au même niveau qu'en chacun des deux biefs. Le bateau y est introduit en ouvrant la porte du côté par lequel il arrive. Ensuite on ferme cette porte pour ouvrir l'autre, et on n'a plus qu'à le pousser en avant.

La différence de niveau entre deux bassins ou biefs successifs est ce qu'on nomme la *pente* (ou bien la *chute*) *rachetée* par l'écluse qui les sépare, ou, pour mieux dire, qui les unit.

Le point de partage d'un canal est celui où les bassins ou biefs, après avoir monté, semblables à des gradins successifs, pendant un certain espace, cessent de s'élever ainsi au-dessus les uns des autres pour se mettre à descendre en sens opposé; cette *pente* nouvelle prend le nom de *contre-pente*. Tous les canaux n'ont pas de point de partage, car il en est où les biefs vont toujours en montant sans jamais redescendre. Il est des canaux, au contraire, qui présentent successivement plusieurs points de partage; ils ont alors plusieurs *pentes* et *contre-pentes*.

(p. 055) La difficulté et les frais de l'établissement d'un canal dépendent principalement de deux éléments, la longueur du parcours et la somme des *pentes* et des *contre-pentes* à *racheter* par les *écluses*. Toutes choses égales d'ailleurs, plus un canal est long, il coûte cher. De même, les écluses étant des ouvrages dispendieux, leur multiplicité influe beaucoup sur le chiffre de la dépense.

Pour fixer les idées sur la longueur des canaux qu'on pourrait entreprendre et sur l'élévation qu'on est autorisé par l'expérience à faire gravir à un canal, citons quelques exemples de canaux achevés ou en cours d'exécution.

Quant à la longueur, on est habitué à faire parcourir aux canaux ordinaires des espaces indéfinis. Le canal de Bourgogne et le canal du Midi ont chacun 240 kilomètres; le canal de la Marne au Rhin en a 300; le canal du Berri, 320; le canal du Rhône au Rhin, 349; le canal de Nantes à Brest, 374; la série des canaux qui unissent Londres à Liverpool, 425. Dans l'État de New-York, le canal Érié, digne à tous égards de son nom de Grand Canal, a 586 kilomètres; les canaux compris dans la ligne de Philadelphie à l'Ohio en ont 445; le canal de la Chesapeake à l'Ohio en aura 549; plusieurs autres canaux des États-Unis ont de 400 à 550 kilomètres.

Les pentes que les ingénieurs rachètent sans trop d'efforts, au moyen d'écluses distribuées sur le parcours d'un canal, sont considérables quand il s'agit d'un canal ordinaire. Le canal du Berri a 246 mètres (p. 056) de pente ou de contre-pente à racheter, et 115 écluses; le canal du Midi, 252 mètres et 99 écluses; le canal du Rhône au Rhin, 393 et 160 écluses; le canal de Bourgogne, 501 mètres et 191 écluses; le canal de Nantes à Brest, 555 mètres et 238 écluses.

Les canaux anglais offrent moins de pente à racheter que ceux de la France. La suite des canaux qui s'étendent de Londres à Liverpool présente 443 mètres de pente et de contre-pente et 185 écluses. Sur celui de tous les canaux de l'Angleterre qui a le point de partage le plus élevé, le canal de Leominster, cette élévation est de 142 mètres au-dessus de l'une des extrémités.

En Amérique, sur le canal Érié, la somme des pentes et des contre-pentes n'est que de 210 mètres avec 83 écluses. Les deux canaux qui, avec deux chemins de fer, forment la ligne de Philadelphie au fleuve Ohio, ont 358 mètres de pente et 151 écluses. Le magnifique canal de la Chesapeake à l'Ohio aura 963 mètres de pente et de contre-pente et 398 écluses, et dans la première partie actuellement achevée, il présente 176 mètres de pente et 74 écluses.

Mais il s'agirait ici de dimensions inusitées. La cuvette d'un canal maritime tel que le canal Calédonien représente une excavation huit fois et demie plus grande que celle d'un des canaux habituels de la France, dits à grande section, et en France une écluse telle qu'il la faudrait sur le canal des deux (p. 057) océans coûterait quatre à cinq fois plus qu'une écluse ordinaire. Ainsi, pour comparer avec une approximation grossière les divers canaux que nous avons passés en revue au canal projeté de l'isthme, il faudrait réduire leur longueur dans le rapport de $8\text{-}1/2$ à 1, et la pente qui y est rachetée par des écluses ou le nombre de celles-ci dans le rapport de 4 ou 5 à 1. À ce compte, le canal de Nantes à Brest équivaudrait pour l'isthme à un canal de 44 kilomètres, qui aurait une pente ou contre-pente à racheter de 123 mètres, ou encore 53 écluses. Le canal Érié agrandi représenterait pour l'isthme un canal d'environ 100 kilomètres avec 20 écluses, rachetant 44 mètres de pente et de contre-pente.

Une difficulté qu'il est bon de prévoir lorsqu'on creuse des canaux est celle de les fournir d'eau[30]. Sous ce rapport, le climat des tropiques présente plus d'avantage que celui de nos pays tempérés. On évalue que dans les régions intertropicales du Nouveau-Monde, là particulièrement où le sol est couvert de forêts, l'eau pluviale est cinq à six fois abondante plus qu'à Paris[31]. On y aurait donc assez de facilité pour remplir des réservoirs. L'évaporation, à la vérité, est plus grande entre les tropiques; mais M. de Humboldt, à la suite de recherches et d'expériences faites avec soin, estime (p. 058) qu'elle ne l'est que dans le rapport de 16 à 10. L'affluence des eaux pluviales pour une même superficie étant supérieure dans le rapport de 50 ou 60 à 10 comparativement à Paris, et de 40 à 10 vis-à-vis de l'Europe méridionale, il s'ensuit que, tout compte fait, l'isthme de Panama n'aurait, de ce côté, rien à envier à l'Europe. Nous verrons d'ailleurs bientôt que, dans la direction qui se recommande le plus, on aurait peu à s'inquiéter de l'approvisionnement du canal. C'est un service que la nature semble, là, avoir pris à cœur d'assurer.

Retournons enfin à la description de l'isthme, en reprenant successivement les cinq localités signalées plus haut pour la faible largeur à laquelle l'isthme s'y réduit.[Table des matières]

(p. 059) CHAPITRE V.

PREMIÈRE LOCALITÉ INDIQUÉE POUR LE PERCEMENT DE L'ISTHME. — ISTHME DE TEHUANTEPEC ET DU GUASACOALCO.

Dépression qu'y éprouve la plateau mexicain. — Port qu'offre l'embouchure du Guasacoalco. — Essais de Cortez. — Projets de canal après lui. — La découverte, au château de Saint-Jean d'Ulua, de canons venus de Manille, réveille ces projets en 1771. — Exploration du terrain par deux ingénieurs, et leurs conclusions favorables. — Plan du vice-roi Revillagigedo. — Le canal de l'isthme de Tehuantepec est voté par les cortès espagnoles en 1814. — Études du général Orbegoso en 1825; ses conclusions sont moins favorables; difficulté d'alimenter un canal sur le versant de l'Océan Pacifique. — Mauvais port à Tehuantepec. — Le général Orbegoso se réduit à une route entre l'Océan Pacifique et le Guasacoalco. — Sol fertile qu'on traverserait; projet de colonisation qu'on pourrait reprendre avec avantage. — Concession récente à don José Garay. — Projets de ce concessionnaire.

I. *Isthme de Tehuantepec et du Guasacoalco.* — En ce point, le plateau mexicain se déprime à un degré remarquable. D'une hauteur semblable à celle (p. 060) des pics pyrénéens, le sol s'abaisse à un niveau qui est presque pareil à celui de la Beauce, et il est creusé par la vallée d'un fleuve large et profond, le Guasacoalco, qui coule d'abord dans une direction parallèle au double littoral, c'est-à-dire de l'orient à l'occident, et ensuite se dirige du sud au nord jusqu'à ce qu'il se décharge dans le golfe du Mexique. Le port que forme l'embouchure de Guasacoalco est l'un des meilleurs qu'offrent les rivières de tout le pourtour du golfe; il vaut celui que donne le Mississipi lui-même. Dès le temps de Cortez, nous l'avons dit, l'attention avait été tournée vers cet isthme. Après Cortez, on s'était beaucoup entretenu d'un projet de canal à y ouvrir; mais on n'y pensait plus, lorsqu'on fit une découverte imprévue. C'était en 1771. On reconnut à la Vera-Cruz, parmi l'artillerie de la forteresse de Saint-Jean d'Ulua, des canons fondus aux Philippines, à Manille. Comme avant

1767 les Espagnols ne tournaient ni le cap de Bonne-Espérance ni le cap Horn pour se rendre aux Philippines, et faisaient tout leur commerce avec l'Asie au travers du Mexique, par le galion d'Acapulco, on ne concevait pas que ces canons fussent venus de Manille à la Vera-Cruz. Comment avaient-ils traversé le continent mexicain? Impossible de conduire des fardeaux pareils d'Acapulco à Mexico, et de là à la Vera-Cruz. Il fut constaté à la fin, par une chronique de Tehuantepec, que ces canons avaient été amenés par l'isthme; que, conduits par mer de Manille à Tehuantepec, ils avaient remonté (p. 061) le Chimalapa aussi haut que possible, et s'étaient ensuite acheminés par terre jusqu'au point où, par les hautes eaux, commence sur le Guasacoalco une bonne navigation. L'imagination publique en fut frappée. Si des pièces de gros calibre avaient traversé l'isthme, n'était-ce pas la preuve qu'une communication avantageuse pouvait s'établir entre les deux océans par Tehuantepec et le Guasacoalco, pour peu qu'on aidât la nature? Ainsi qu'il arrive ordinairement, le public exagérait les facilités qui s'offraient à lui. On disait que le Guasacoalco avait ses sources tout près de la mer Pacifique; qu'à son approche, la cordillère s'était nivelée, et que telle ou telle rivière, l'Ostuta ou le Chimalapa, versait également ses eaux dans les deux océans. Le vice-roi don Antonio Bucareli donna ordre à deux ingénieurs, don Augustin Cramer et don Miguel del Corral, d'examiner le terrain dans le plus grand détail. Leur exploration fut fort imparfaite; on ne voit pas qu'ils aient opéré aucun nivellement ni déterminé aucune hauteur, et leur conclusion se ressentit de l'enthousiasme au moins prématuré dont l'opinion s'était prise pour le canal des deux mers par cette direction. Cependant ils firent connaître que par le Guasacoalco on franchirait à peine les deux tiers de l'isthme; que de l'embarcadère de Malpasso, qui est au-dessus de celui de la Cruz, placé au confluent du Saravia, il y aurait encore jusqu'à la mer du Sud un trajet de 26 lieues de Castille (environ 110 kilomètres), et qu'aucune rivière ne communiquait avec (p. 062) les deux mers. Ils signalèrent la difficulté de faire aboutir le canal à un bon mouillage sur l'Océan Pacifique. Jusque là ils étaient dans le vrai; mais, passant ensuite dans la fable, ils émirent l'opinion qu'un canal des deux mers joignant le Chimalapa au Guasacoalco pouvait s'exécuter *sans écluses ni plans inclinés*. D'après les dernières études qui eurent lieu à la fin du XVIIIe siècle, sous le vice-roi Revillagigedo, homme éclairé, plein d'ardeur pour le bien public, le canal de jonction entre le Chimalapa et le Rio del Malpasso, affluent du Guasacoalco, n'aurait eu que 25 kilomètres environ. Il s'agissait, non d'un canal maritime, mais d'une ligne praticable pour des bateaux ou de grandes pirogues.

Les études de MM. Cramer et del Corral, et celles qui eurent lieu après eux, laissèrent donc l'isthme de Tehuantepec en excellente renommée. Quand furent terminées les guerres de la révolution française, en 1814, les cortès espagnoles, sur la proposition d'un député mexicain, don Lucas Alaman, qu'on a vu depuis ministre des affaires étrangères à Mexico, décrétèrent le canal; mais la lutte de l'indépendance du Mexique se rouvrit bientôt, et le décret n'eut aucune suite.

Peu après l'indépendance du Mexique, le général du génie don Juan Orbegoso fut détaché par le gouvernement mexicain pour procéder à une exploration. Ce savant officier se mit à l'œuvre en 1825. Il fit des observations astronomiques pour déterminer des latitudes et des longitudes. Il mesura (p. 063) l'élévation du sol au-dessus de la mer, non par des nivellements, mais au moyen d'un baromètre, ce qui, dans les régions équinoxiales cependant, donne des résultats d'une approximation remarquable. Malheureusement le baromètre dont il se servit n'était pas tout-à-fait orthodoxe[32]. Résumons les résultats de son pénible travail:

L'isthme, mesuré du rivage du golfe de Tehuantepec à la barre du Guasacoalco, a une largeur de 220 kilomètres. Les lagunes communiquant avec la mer, qui sont à l'est de Tehuantepec, l'une derrière l'autre, réduiraient la distance à parcourir d'au moins 21 kilomètres.

Le Guasacoalco offre à sa barre 4 mètres d'eau pour le moins (d'autres observateurs ont dit davantage). Il est même arrivé qu'un vaisseau de ligne espagnol, *l'Asia*, poursuivi par la tempête, ait pu, il n'y a pas longtemps, entrer dans le fleuve[33]. La barre est fixe et courte. Une fois la barre franchie, on trouve une profondeur suffisante pour les bâtiments (p. 064) de mer jusqu'à une dizaine de lieues. Il serait facile de le rendre navigable en tout temps pour de grands bateaux de rivière jusqu'au confluent du Saravia, qui est à moitié de l'espace entre les deux océans[34]. Il y a lieu de croire qu'on devrait creuser un canal latéral à partir de Piedra Blanca (ou Peña Blanca), en remontant jusqu'au Saravia: c'est un espace de 55 kilomètres en ligne droite. Le sol, principalement formé d'une argile aisée à entamer, s'y prêterait. Entre ces deux points, le cours du fleuve est très sinueux, et un canal raccourcirait le trajet de moitié. À la rigueur, cependant, une navigation permanente serait possible dans le lit du fleuve, presque partout, non seulement jusqu'au Saravia, mais jusqu'au Malpasso. Au-dessus, un canal tout artificiel serait indispensable.

La crête du versant des eaux, bien plus voisine d'ailleurs du Pacifique que de l'Atlantique, est fort abaissée dans l'isthme. Au sud de la Chivela, on trouve un col qui n'est qu'à 251 mètres au-dessus de la mer. Le col de Saint-Michel de Chimalapa est à 393 mètres. L'art de l'ingénieur saurait faire franchir des élévations pareilles à un canal. La hauteur des montagnes ne présenterait donc pas au passage d'un canal des deux océans un obstacle insurmontable, (p. 065) à la condition cependant qu'on pût conduire au sommet un suffisant approvisionnement d'eau. Mais le rapport du général Orbegoso renversa tout l'espoir qu'on avait d'une navigation fluviale régulièrement bonne dans le Chimalapa ou dans tout autre cours d'eau pour descendre à l'Océan Pacifique. Le Chimalapa n'est praticable, même pour des pirogues, que pendant la saison des pluies. À San-Miguel de Chimalapa, qui est à 40 ou 45 kilomètres des lagunes attenantes à la mer, et même 13 kilomètres plus bas, son lit est à sec pendant le tiers de l'année. Le sol étant perméable et les vallons très ouverts, il ne serait pas facile d'établir de grands réservoirs pour suppléer à l'absence des eaux fluviales en recueillant les pluies. Même sur le versant de l'Océan Pacifique, le canal devrait s'alimenter des eaux du Guasacoalco amenées par une rigole au travers de la crête.

Il n'est pas démontré que la disposition du sol interdise absolument l'établissement d'une pareille rigole. À partir de leurs sources, le Guasacoalco et le Chimalapa se dirigent, parallèlement l'un à l'autre, de l'est à l'ouest, séparés de 28 kilomètres, pour se détourner, le premier à Santa-Maria de Chimalapa, vers le nord, le second à 6 kilomètres au-dessous de San-Miguel, vers le sud, afin d'atteindre chacun son océan. Une rigole tracée obliquement du Guasacoalco au Chimalapa, dans la partie de leurs cours où ils sont parallèles, atteindrait celui-ci, sans avoir à se développer sur plus (p. 066) de 30 à 40 kilomètres, ce qui, pour une rigole alimentaire, n'a rien d'inusité. À Santa-Maria, le Guasacoalco coule à un niveau qui est à peu près le même que celui du Chimalapa à San-Miguel. Il n'y aurait donc qu'à prendre le Guasacoalco un peu au-dessus de Santa-Maria pour qu'il vînt se verser naturellement, à Saint-Miguel, dans le Chimalapa; mais il faudrait que le terrain permît à la rigole de passer, moyennant des souterrains médiocrement longs. La direction suivant laquelle le général Orbegoso a cherché un passage n'y est pas favorable, car il y faudrait être en souterrain presque sur toute la distance. Il est allé à peu près tout droit de Santa-Maria à San-Miguel[35].

Le général Orbegoso conclut en ces termes, que la canalisation de l'isthme de Tehuantepec demeure *problématique* et *gigantesque*[36]; il conseille comme facile une communication résultant d'une bonne route entre les lagunes de Tehuantepec et le Guasacoalco.

On aurait ensuite à remédier, s'il était possible, à l'absence d'un port passable sur l'Océan Pacifique. Tehuantepec mérite à peine le nom de rade. On y (p. 067) arrive par deux lagunes successives, profondes d'environ 5 mètres, dont l'une est très allongée parallèlement au littoral; l'autre, placée en arrière de celle-ci, parallèle de même au bord de la mer, et beaucoup plus courte, a encore 17 kilomètres. Depuis la fin du XVIe siècle, Tehuantepec est très peu fréquenté; la mer se retire journellement de ces côtes; l'ancrage y devient d'année en année plus mauvais; le sable que charrie le Chimalapa augmente la hauteur et l'étendue des barres sablonneuses placées au débouché de la première lagune dans la seconde, et de celle-ci dans la mer, et déjà Tehuantepec n'est plus accessible qu'à des goëlettes.

L'exploration du général Orbegoso constata dans l'isthme une magnifique végétation, indice d'un sol riche. Il y a bien longtemps déjà que les belles forêts de Petapa et de Tarifa avaient attiré l'attention de la cour d'Espagne. Les chantiers de construction navale de la Havane en tiraient autrefois tous les bois qui leur étaient nécessaires, et qu'on leur expédiait par le Guasacoalco; car c'est assez tard qu'on établit dans l'île de Cuba et dans celle de Pinos les coupes de cèdre destinées à la marine. La fertilité des environs de Tehuantepec fut pareillement avérée de nouveau; en arrosant cette spacieuse plaine avec des saignées du Chimalapa, on lui ferait rendre les plus précieuses récoltes. On vérifia de même la salubrité relative du pays, à quelque distance de la mer. Enfin on se souvint que l'isthme n'avait pas toujours été une (p. 068) solitude. On y trouve, ce qui étonne et attriste le voyageur en Amérique, des ruines de constructions à l'européenne. Avant l'expédition de Cortez, l'isthme était populeux: il ne le fut pas moins après. Ce furent les boucaniers qui détruisirent les établissements élevés par les Espagnols sur les rives du Guasacoalco, et qui, dispersant la population, convertirent en un désert une admirable contrée naguère florissante sous le sceptre de Montezuma. De ces vestiges d'une ancienne prospérité, on conclut naturellement qu'il serait aisé de rendre l'isthme à la culture et à la vie. De là un plan de colonisation qui, mal exécuté, se termina par la mort ou la dispersion des colons, mais qu'on pourrait reprendre avec avantage. Ce serait même à désirer pour l'objet qui nous occupe ici; car la présence d'une population active sur les bords du Guasacoalco, entre les deux océans, déterminerait nécessairement l'établissement de bonnes communications au travers de l'isthme.

Le projet de faciliter la jonction des deux océans par l'isthme de Tehuantepec n'a pas été abandonné. Il y a deux ans, le gouvernement mexicain en a concédé l'entreprise à don Jose Garay. Mais il ne s'agit pas d'un canal maritime, d'un ouvrage qui tienne lieu d'un bras de mer. Le plan est infiniment plus modeste; on améliorerait le cours du Guasacoalco et celui du Chimalapa, on y lancerait des bateaux à vapeur, et d'un fleuve à l'autre on jetterait un chemin de fer.[Table des matières]

(p. 069) CHAPITRE VI.

SECOND PASSAGE.—ISTHME DE HONDURAS.

Hautes montagnes qui bordent la baie de Honduras; plateau élevé en arrière des montagnes; délicieuse situation de la ville de Guatimala; dangers que lui font courir les volcans.—Les montagnes s'abaissent sur le bord méridional de la baie.—Trouée que fait le Golfo Dulce; cette trouée se prolonge par le fleuve Polochic; mais les montagnes viennent ensuite.—Plus au sud-est, vallée de Comayagua, où coulent le Jagua et le Sirano; il n'y a pas d'espoir non plus de pratiquer par là un canal maritime.—Vallée du Motagua; le cours du fleuve franchit la plus grande partie de la distance des deux océans, mais il serait impossible de descendre dans l'Océan Pacifique; élévation du sol sur les bords du haut Motagua.—Terre *froide*; sens qu'il faut attacher à ce mot.—Partage des eaux à Chimaltenango.—Il n'y a rien à espérer pour un canal maritime de l'isthme de Honduras.

À l'est de l'isthme de Tehuantepec, la chaussée placée entre les deux océans se flanque du contre-fort (p. 070) massif de la péninsule du Yucatan et s'élève dans la même proportion. Les montagnes sont hautes, serrées les unes contre les autres, et présentent un obstacle continu. Il en est d'abord de même de l'autre côté de la presqu'île. Autour de la baie de Honduras, elles forment une muraille à pic qui semble se dresser subitement du sein des flots; car, suivant l'historien Juarros, le nom de Honduras fut donné à la baie parce que les sondages ne trouvaient pas le fond de la mer, et qu'on n'y pouvait jeter l'ancre. Sur tout le pourtour de la baie, depuis le méridien de l'île d'Utilla jusqu'au cercle de latitude de Balise, c'est un cirque, à deux étages, de cimes dont l'élévation mal déterminée est de plus de 2,000 mètres[37]. La Balise, sur les rives de laquelle les Anglais se sont donné un établissement qui, avec l'île voisine de Roatan, les rend les maîtres de la baie, s'échappe en bondissant, de cataracte en cataracte, du sein de ces montagnes. À mesure qu'on s'éloigne de l'Atlantique, la surface générale du terrain, abstraction faite même des sommets qui s'y dressent comme sur un piédestal, va en montant sans cesse jusqu'à une faible distance (p. 071) du Pacifique. En arrière des cimes étalées en double rideau sur le pourtour de la baie, se déploie un plateau qui reproduit sur une moindre échelle l'imposante majesté de celui d'Anahuac[38], mais qui en égale, sous un ciel plus délicieux encore, les plus rares magnificences. Il est surmonté de montagnes volcaniques dont la hauteur est évaluée par un observateur exact, le capitaine Basil Hall, à 4,000 mètres. Presque tout droit derrière la tête de la baie de Honduras, sur ce plateau enchanté, lorsque déjà il s'est beaucoup rabaissé, est située, à 500 ou 600 mètres au-dessus de la mer, non loin du Pacifique, la belle cité de Guatimala, au pied de deux volcans les plus beaux à contempler et les plus magnifiquement réguliers dans leur forme élancée qu'il y ait dans l'univers, mais aussi les plus formidables en leur colère. Sans cesse ils menacent la ville: trois fois déjà elle a dû être transportée en masse d'un point à un autre, et jamais les populations n'ont pu consentir à s'éloigner de cette plaine tiède, salubre, admirablement arrosée, où la nature étale toutes les richesses de la végétation, toutes les splendeurs et tous les charmes dont peut être orné un paysage; elles semblent éperdument amoureuses de ces sites ravissants.

Sur le côté méridional de la baie, les montagnes s'interrompent çà et là. Le Golfo Dulce (ou lac d'Yzabal), baie close qui communique avec la baie ouverte de Honduras, pénètre dans les terres à 80 kilomètres, et de son extrémité la plus avancée (p. 072) dans l'intérieur jusqu'au Pacifique, il y en a, d'après les dernières cartes de l'amirauté anglaise, près de 200. Le Polochic, qui s'y jette et qu'on dit praticable pour des bateaux à vapeur, pourrait servir à franchir une partie de ce dernier intervalle; malheureusement, derrière le Polochic et les autres cours d'eau qui se déchargent dans le Golfo Dulce, l'élévation générale du sol présente à tout projet de canal une barrière insurmontable. Mais plus au sud-est, une vallée transversale fait brèche dans l'arête de partage; c'est la *Llanura* de Comayagua (ainsi nommée d'après la capitale de l'État de Honduras qu'on y rencontre) allant d'une mer à l'autre, et débouchant dans le golfe de la Conchagua (ou Fonseca) sur le Pacifique; elle a été reconnue, il y a sept ou huit ans, par don Juan Galindo. Cette vallée, réellement située dans l'hémicycle de l'Amérique Centrale, est arrosée sur le versant de l'Atlantique par le Jagua, sur celui du Pacifique par le Sirano (ou San-Miguel), l'un et l'autre navigables. Mais jusqu'à quelle distance de leurs mers respectives le sont-ils? combien de mois chaque année? quel moyen aurait-on de les joindre l'un à l'autre par un canal à point de partage? C'est ce que nous ne saurions dire. On peut cependant tenir pour certain, dès à présent, qu'il n'y a pas de canal maritime possible par cette direction, à moins de frais infinis. La distance est grande, elle dépasse 300 kilomètres, et l'art aurait trop à faire pour suppléer à l'insuffisance des facilités naturelles.

(p. 073) Ces belles contrées sont encore très mal connues. On n'en trouve pas deux cartes qui se ressemblent. Tous les géographes s'accordent cependant à signaler quelques fleuves qui prennent leurs sources près de l'un des océans pour aller de là se décharger dans l'autre. Le plus remarquable est le Motagua, qui, sortant d'un petit lac, se jette dans l'Atlantique après avoir parcouru plus des cinq sixièmes de l'espace qui sépare les deux mers. Les tributaires du Pacifique qui offrent ce caractère sont très peu nombreux. Même dans l'isthme, depuis Tehuantepec jusqu'au golfe de Darien, on voit persévérer la loi de la nature qui, dans le nouveau continent, a accordé un cours beaucoup plus long aux tributaires de l'Atlantique qu'à ceux de l'autre océan dont les sources s'entrelacent avec les leurs[39]. Le Camaluzon (ou Camaleçon), l'Ulua et quelques autres paraissent aussi être navigables assez avant dans les terres. Mais tous ces cours d'eau partent de points très élevés d'où il serait impossible de conduire un canal dans l'océan opposé. Le Motagua, par exemple, naît sur un plateau en cela remarquable. La province de Quesaltenango, qu'il traverse, donne toutes les productions des pays tempérés de l'Europe, ce qui, par 15 degrés de latitude, suppose une grande élévation. Les écrivains espagnols, et entre autres Juarros, disent que c'est un (p. 074) climat *froid*; on sait que c'est le même terme qu'on applique à la vallée de Mexico, où l'on se passe de feu toute l'année. L'expression n'a donc point le sens que nous pourrions lui attribuer; elle comporte pourtant un niveau de plus de 2,000 mètres au-dessus de la mer, sans préjudice d'une plus grande hauteur pour les cimes qui dominent le pays.

À Chimaltenango, qui est dans le même bassin, les eaux se séparent entre les deux Océans. L'eau des gouttières du côté droit de la cathédrale se rend dans l'Atlantique, celle du côté gauche va dans le Pacifique; mais il ne s'ensuit absolument rien pour la possibilité d'une communication navigable entre les deux mers.

même dans la région attenante, jusqu'au cœur de l'Amérique Centrale, il peut y avoir place tout au plus pour des canaux de petite navigation entre les deux océans. Allons donc plus loin à l'est, c'est-à-dire de l'autre côté de l'Amérique Centrale, au lac de Nicaragua.[Table des matières]

(p. 075) CHAPITRE VII.

TROISIÈME PASSAGE.—LE PAYS DE NICARAGUA.

Grande déchirure occupée par le lac de Nicaragua et le fleuve San-Juan de Nicaragua.—Golfe de Papagayo el golfe de Nicoya.—Lac de Leon ou de Managua, et fleuve Tipitapa, qui prolongent le lac et le fleuve précédents.—Dimensions de ces lacs; développement des fleuves.—Tracés possibles au nombre de cinq: 1º du lac de Nicaragua au golfe de Papagayo; 2º du même lac au golfe de Nicoya; 3º et 4º de la pointe nord-ouest du lac de Leon à Tamarindo et à Realejo; 5º du lac de Leon à la rivière Tosta; 6º du même lac au golfe de la Conchagua.—Régime du fleuve San-Juan; rapides et récifs.—Bon port de San-Juan à l'embouchure du fleuve.—Amélioration du fleuve San-Juan; ce qui prouve qu'elle serait peu difficile, c'est qu'avant 1685 les trois-mâts le remontaient; en 1685, on l'obstrua pour barrer le passage aux flibustiers; le Colorado s'ouvrit alors.—D'une amélioration qui permette de recevoir les plus grands trois-mâts du commerce et les paquebots transatlantiques.—De la navigation du Tipitapa; sa pente; beau site de la ville de Tipitapa.—La traversée du lac de Nicaragua n'offre pas de péril sérieux.

Des canaux à ouvrir entre l'Océan Pacifique et le lac de Leon ou (p. 076) le lac de Nicaragua.—Sol peu élevé malgré la présence de volcans très hauts.—Tous les voyageurs s'accordent à dire que du lac de Leon à Realejo ou à Tamarindo le pays est plat.—Illusion possible.—On n'a fait de nivellements qu'entre la ville de Nicaragua et le port de San-Juan du Sud.—Nivellement de don Manuel Galisteo avant la révolution française.—Nivellement de M. Bailey depuis l'indépendance.—Il faudrait un souterrain par ce dernier tracé; de quelle longueur; comparaison avec la longueur d'autres souterrains.—Impossibilité d'admettre des souterrains sur un canal destiné à des bâtiments de mer.—De quelles dimensions devraient être des souterrains pour de grands trois-mâts démâtés.—Pour les autres lignes, les renseignements manquent.—Donnée relatée dans l'ouvrage intitulé: *Mexico and Guatimala*.

Des ports qu'on trouverait aux deux extrémités du canal. — San-Juan du Sud; le port est petit, mais sûr; les ports de la baie de Nicoya et Tamarindo sont bons aussi; Realejo est magnifique. — Absence de la fièvre jaune là où le canal serait à creuser; population nombreuse qui fournirait des travailleurs.

Au-delà du lac de Nicaragua, les montagnes se redressent entre les deux océans jusqu'à ce qu'on soit aux environs de Panama. — Études qu'il y aurait lieu de faire à la baie de Mandinga, et entre la Boca del Toro et la rivière Chiriqui.

Mesurée de rivage à rivage, au port de San-Juan de Nicaragua la distance des deux océans est de 150 kilomètres; obliquement de San-Juan de Nicaragua à San-Juan du Sud, elle est de 250, et du même point à Realejo de plus de 400, toujours à vol d'oiseau. Mais une grande déchirure a creusé au milieu des terres le lit d'un lac spacieux, celui de Nicaragua, inépuisable réservoir qui, par un fleuve large et profond, le San-Juan, s'épanche dans l'Atlantique et semble un prolongement de cette mer au sein du continent. Les deux océans deviennent ainsi fort voisins l'un de l'autre, et deux golfes, (p. 077) celui de Papagayo et celui de Nicoya, ont échancré le littoral du Pacifique, comme afin que cet océan fît à son tour une partie du chemin. Au-delà de ce fleuve et de ce lac, le voyageur qui vient de l'Atlantique rencontre un second lac, celui de Leon (ou de Managua), terminé du côté du nord par une sorte de croissant dont l'extrême pointe nord-ouest, celle sur laquelle était située jadis la ville de Leon, transportée maintenant dans l'intérieur des terres, et où l'on trouve le port de Moabita, est plus voisine encore du Pacifique qu'aucun des points du lac de Nicaragua, puisque de là au port de Tamarindo il n'y a que 14 ou 15 kilomètres; et ce nouveau lac se déverse dans le premier par un autre fleuve, le Tipitapa. Enfin sur la côte du Pacifique, près du lac de Leon, est un port, celui de Realejo, dont on a dit autrefois qu'il était le plus admirable peut-être de toute la monarchie espagnole. Ces beaux lacs et ces nobles cours d'eau en chapelet rappellent ceux qui, en Écosse, occupent une gorge entre les deux mers qui baignent les flancs de la Grande-Bretagne, et à l'aide desquels on a ménagé un canal assez spacieux pour recevoir des frégates, le canal Calédonien. Ils invitent de même l'homme à compléter de mer en mer, par une coupure, une communication dont l'importance, pour le commerce général du monde, serait à celle du canal Calédonien à peu près dans la proportion d'un détroit au Grand-Océan, ou de l'île de la Grande-Bretagne au continent des deux Amériques.

(p. 078) Le lac de Nicaragua a 176 kilomètres de long, 55 de large, et à peu près partout il offre une profondeur de 25 mètres. Le fleuve San-Juan, qui continue le grand axe du lac, c'est-à-dire qui coule à l'est, a un parcours de 146 kilomètres. Le lac de Leon a, dans sa plus grande dimension, 63 kilomètres, et un pourtour de 147; la rivière Tipitapa, par laquelle il se déverse dans le lac de Nicaragua, présente un développement de 55 kilomètres. Ainsi il y a de l'Atlantique au fond du lac de Nicaragua 322 kilomètres, et au fond du lac de Leon 440[40]. La ville de Leon, à 25 kilomètres du lac du même nom, est la plus populeuse cité des environs du lac de Nicaragua, et, après Guatimala, de toute l'Amérique Centrale.

Ici la jonction des océans peut être essayée suivant (p. 079) diverses directions: 1º On peut de la ville de Nicaragua, sur le lac du même nom, se diriger sur le port de San-Juan du Sud dans le golfe de Papagayo. 2º Du même lac au golfe de Nicoya (aussi nommé baie de Caldera), on est porté à croire qu'un canal serait facile au moyen de la rivière Tampisque, qui se jette dans ce golfe, et de la Sapua, qui se déverse dans le lac au midi de Nicaragua. Ces deux rivières, toutes les deux abondamment pourvues d'eau, sont très rapprochées l'une de l'autre, dans le voisinage de la baie de las Salinas (dépendante du golfe de Papagayo). 3º et 4º De la pointe nord-ouest du lac de Leon on pourrait tenter de se rendre, soit au port de Tamarindo, soit à celui de Realejo. 5º On a indiqué aussi un tracé de la même extrémité du lac de Leon à la rivière Tosta, qu'on rencontre sur la route de Realejo, et qui descend du volcan de Telica. 6º Enfin, peut-être une jonction serait-elle praticable de la pointe nord-est du lac de Leon à la baie de la Conchagua, dont nous avons parlé au chapitre précédent. Cela fait, il resterait cependant à améliorer le cours du fleuve San-Juan de Nicaragua, et, si l'on devait aller jusqu'au lac de Leon, celui du Tipitapa, de manière à les rendre praticables pour de forts navires.

Le fleuve San-Juan de Nicaragua est parcouru toute l'année, d'une extrémité à l'autre, par des pirogues d'un tirant d'eau de 1 mètre à 1 mètre 20 cent.; mais presque partout il présente une profondeur beaucoup plus grande. Par des travaux de (p. 080) perfectionnement à quatre ou cinq *rapides* et hauts-fonds[41] qu'on y rencontre çà et là, il serait possible, aisé aux navires tirant 3 mètres et demi (p. 081) ou 4 mètres de se rendre en tout temps de la pleine mer au lac. Le fleuve étant généralement encaissé, entre des rives peu élevées d'ailleurs, les travaux à ce nécessaires se réduiraient à quelques barrages de retenue qui devraient être accompagnés chacun d'une écluse. La barre du fleuve San-Juan de Nicaragua a 3 mètres et demi d'eau, et, sur un point, elle offre, suivant M. Robinson, une passe étroite de 7 mètres et demi de profondeur.

Le port San-Juan, situé à l'embouchure, est sûr et spacieux; plusieurs rapports d'officiers de marine qui l'ont visité dans ces derniers temps le représentent comme excellent[42]. On lui reconnaît de la salubrité, avantage fort rare sur le littoral de l'Atlantique dans l'Amérique Centrale. Les vents alizés, auxquels aucune chaîne continue ne barre le passage, y balaient les miasmes qui doivent pourtant sortir en abondance des marécages avoisinants, assez complétement pour que la fièvre jaune (p. 082) n'y fasse pas de ravages. Peut-être n'en serait-il pas toujours de même si une population européenne un peu nombreuse venait s'y établir. Contre la localité de San-Juan, on dit dans l'Amérique Centrale ce qu'on reproche en France à Brest, qu'elle est pluvieuse par excellence. Sous ce rapport la différence est grande entre San-Juan et le fort de San-Carlos situé sur le lac, là où le fleuve s'en échappe, et, à plus forte raison, entre San-Juan et les villes de Grenade, Nicaragua et Leon, qui jouissent d'un ciel serein. Mais c'est un inconvénient dont il ne faut faire mention que pour mémoire.

Nous admettrons donc que le fleuve San-Juan aboutit à un bon port et qu'il se prêterait aisément à une amélioration qui le rendrait praticable pour des bâtiments maritimes tirant, comme il a été dit tout-à-l'heure, de 3 mètres et demi à 4 mètres d'eau. Sur ce point le passé répond de l'avenir. La tradition assure qu'autrefois les navires de mer remontaient le fleuve San-Juan, et qu'aux grandes foires annuelles tenues au fond du lac de Nicaragua, à Grenade, on voyait régulièrement plusieurs bricks et trois-mâts arrivés de Cadix ou des autres ports de la péninsule, après avoir fait escale à Carthagène et à Porto-Belo. Et il ne s'agit pas ici de ces traditions menteuses qui se plaisent à présenter les choses et les hommes comme allant en dégénérant sans cesse. M. Rouhaud a vérifié le fait dans les archives de la ville de Grenade. Il y a trouvé la preuve (p. 083) qu'au milieu du XVIIe siècle les trois-mâts (*fragatas*) de la marine marchande espagnole fréquentaient le mouillage de *las Isletas* qui est, dans le lac, le port de la ville de Grenade; et j'ai vu entre ses mains des pièces originales remontant à 1647 et 1648, qui le constatent. Mais en 1685, le régime du fleuve subit une grande altération, du fait des hommes. Une voie nouvelle se fraya violemment, par où s'échappe, sous le nom de Rio Colorado, une portion considérable des eaux. D'après un jaugeage de M. Bailey, rapporté par M. Stephens, le Colorado roule en basses eaux 360 mètres cubes par seconde; c'est trois fois le débit de la Seine à Paris pendant l'étiage. Quand les eaux sont hautes, le Colorado verse à la mer 1,095 mètres cubes par seconde. Depuis 1685, l'ancien lit, à partir du point où le Colorado s'en sépare, ne peut plus recevoir que des bateaux plongeant de 1 mètre à 1 mètre 20 centimètres, et le Colorado lui-même est inaccessible aux bâtiments maritimes, parce qu'à son embouchure le chenal est interrompu par une barre qu'ils ne sauraient franchir.

Ce fut la guerre, cause de tant de dérangements dans le monde, qui occasionna cette révolution dans le Rio San-Juan de Nicaragua. La mer des Antilles et les parages voisins étaient alors infestés de boucaniers qui portaient partout la dévastation et le pillage avec une audace et un courage qu'on déplore de voir ainsi au service de passions brutales. Ces bandits désolaient tous les établissements (p. 084) espagnols voisins de la mer. Afin de les empêcher de pénétrer jusqu'au lac de Nicaragua, on coula, à 20 kilomètres environ de l'embouchure du fleuve, des carcasses de navires, des radeaux chargés de pierres, tout ce qu'on put trouver. Les grandes pluies étant venues, le fleuve, qui alors charrie beaucoup d'arbres déracinés sur ses bords par le courant, grossit cet obstacle; les sables s'y amoncelèrent, et ce fut bientôt une digue qui arrêta les eaux. Celles-ci cherchèrent donc une issue ailleurs, et ainsi s'ouvrit le Colorado. Quand les flibustiers ne furent plus à craindre, on s'occupa de rétablir l'ancien lit; mais on le fit avec la mollesse qui caractérisait trop souvent l'administration espagnole, et on n'employa pas le seul moyen qui pût réussir, un barrage en travers du Colorado, à sa naissance. Par ce barrage, qui est possible aujourd'hui comme alors[43] et par un curage de l'ancien chenal, le fleuve devrait reprendre son cours et son régime primitif.

Les ouvrages peu considérables que nous avons sommairement signalés pour les rapides et les récifs qu'offre le fleuve au-dessus du Colorado, achèveraient de rendre le Rio San-Juan de Nicaragua constamment navigable, en toute sûreté, pour des bâtiments tirant de 3 et demi à 4 mètres d'eau. Mais ce ne serait pas assez pour une jonction des deux océans, telle qu'on peut la désirer aujourd'hui. Il faudrait des travaux beaucoup plus étendus pour (p. 085) mettre le fleuve en état de donner passage à des navires semblables à ceux que peuvent recevoir le canal hollandais du Nord et le canal Calédonien, ou tels que les paquebots transatlantiques. Pour atteindre ce but, il serait fort possible qu'on fût obligé de renoncer à une navigation en lit de rivière sur une bonne partie du cours du San-Juan, et qu'on dût creuser un canal latéral. Le terrain s'y prêterait bien. Toutefois, à cause des dimensions de la cuvette d'un pareil canal, la dépense en serait grande: M. Stephens l'évaluait, d'après M. Bailey probablement, en adoptant une série de prix semblable à la moyenne des États-Unis, à 10 ou 12 millions de dollars (53 à 64 millions de francs). C'est à peu près la moitié de la somme que, d'après ses calculs, exigerait la communication des deux océans, du port San-Juan de Nicaragua à San-Juan du Sud.

Le Tipitapa présente plus de facilités encore que le San-Juan de Nicaragua. Il paraît généralement resserré comme un canal; on n'aurait pas à y faire de barrage de plus de 50 mètres. Sur un cours de 55 kilomèt. il offre une pente de 8 mètres 74 centimèt. La moitié de cette pente est accumulée en un seul point, à la ville de Tipitapa voisine du lac de Leon, où il y a un saut de 4 mètres[44]. M. Rouhaud (p. 086) s'exprimait sur le site de cette ville dans les termes d'un vif enthousiasme; il la représentait comme une des localités les mieux placées pour recevoir une grande cité. Une plaine qui donnerait en abondance à la fois les produits les plus précieux et les plus usuels, le plus bel indigo du monde, et du maïs à raison de 400 ou 600 grains pour un, s'y étale sur de grandes dimensions. On y est à cheval sur les deux lacs, c'est presque dire sur les deux océans, et la chute du fleuve fournirait une force motrice inépuisable pour les usages industriels. Mais quand l'industrie humaine ira-t-elle déployer les miracles de son activité dans ces lieux enchanteurs? Lui sera-t-il jamais donné de s'y établir à demeure et d'y asseoir son empire? Tout fier qu'il était des prouesses industrielles des Anglo-Saxons en général et de ses compatriotes les Américains du Nord en particulier, M. Stephens, quand il s'est vu sous ce ciel éblouissant, en face des belles eaux et des gracieuses rives du lac, entouré de cette nature féconde qui offre à l'homme le nécessaire avec profusion, quand il s'est senti baigné de cet air tiède qui porte l'âme à une molle rêverie et le corps au repos, s'est mis à désespérer de la remuante énergie des Anglo-Américains eux-mêmes, et a exprimé le doute que ces intrépides champions du travail, transplantés en un pareil séjour, pussent résister à tant de séductions, et ne pas s'abandonner à la paresse qu'ils méprisent.

(p. 087) De même la nécessité de traverser le lac de Nicaragua ne semble pas devoir gêner cette communication, quoiqu'on ait dit qu'on y était exposé quelquefois à des coups de vent d'une extrême violence. Des navire pontés n'y courraient aucun péril[45]. Ils en seraient surabondamment affranchis s'ils étaient traînés par des remorqueurs à vapeur, les mêmes qui leur auraient servi à remonter le fleuve San-Juan, et cette remorque au travers du lac s'opérerait naturellement avec un faible supplément de frais, en retour duquel on aurait une économie de temps.

Il reste à savoir quelle difficulté opposerait la muraille à renverser entre le lac de Nicaragua ou le lac de Leon et l'Océan Pacifique.

Aucune contrée n'est hérissée d'autant de volcans que cette partie de l'Amérique, du 11e degré de latitude au 13e; mais sur la droite du lac de Nicaragua, les montagnes, par le cratère desquelles le feu souterrain se fraie un passage, sont en petits groupes isolés et quelquefois en cimes solitaires. Elles s'élancent de la plaine, laissant entre elles des vallées, ou tout au moins des passages. Cette étroite langue de terre qui sépare le lac de Nicaragua de l'Océan Pacifique, toute parsemée qu'elle est de cimes gigantesques, présente, à leur base, un terrain de peu d'élévation. Les récits du célèbre navigateur Dampier, qui avait guerroyé dans ces régions, donnaient (p. 088) à croire que, le long des différents tracés du lac de Leon à Realejo, et du lac de Nicaragua au golfe de Papagayo ou à celui de Nicoya, le terrain est le plus fréquemment uni et en savanes, et qu'entre le lac de Leon et la côte de Realejo, le sol naturel est tout-à-fait plat. De son côté, M. Stephens, en rendant compte de ses impressions personnelles, dit expressément que c'est un sol parfaitement de niveau (*perfectly level*). M. Rouhaud m'a parlé dans les mêmes termes de l'espace compris entre la corne nord-ouest du lac de Leon et le port de Realejo, et du terrain qui s'étend entre la même pointe du lac et le port de Tamarindo; il estime à 6 ou 7 mètres la hauteur de la rive au-dessus du niveau de l'eau. Puis vient, dit-il, une petite zone sensiblement de niveau, et de là on descend doucement vers l'Océan Pacifique. Cette unanimité d'opinions est assez rassurante; cependant elle ne dispense pas de nivellements exacts; on n'aura de certitude qu'à cette condition. L'œil d'observateurs même exercés apprécie difficilement la saillie du terrain lorsqu'il monte graduellement. «Rien de plus trompeur, dit M. de Humboldt, que le jugement que l'on porte de la différence de niveau sur une pente prolongée, et par conséquent très douce. Au Pérou, j'ai eu de la peine à croire mes yeux en trouvant, au moyen d'une observation barométrique, que la ville de Lima est de 91 toises (176 mètres) plus élevée que le port du Callao.» Les mangliers que Dampier a vus sur la route de Realejo à Leon sont de sûrs indices (p. 089) d'un sol déprimé et humide; mais il ne dit point qu'il les ait observés sur toute la ligne.

Des divers tracés énumérés plus haut, un seul a donné lieu à des opérations géométriques; c'est celui du lac de Nicaragua au golfe de Papagayo.

À la fin du siècle dernier, quelques années avant la révolution française, les idées d'amélioration germaient partout; la cour d'Espagne fit exécuter un nivellement entre le golfe de Papagayo et le lac de Nicaragua, aboutissant ainsi sur le lac aux environs de l'importante ville de Nicaragua, aujourd'hui peuplée de 20,000 âmes au moins. C'est alors que fut connue pour la première fois l'élévation du lac au-dessus de l'Océan. L'ingénieur don Manuel Galisteo trouva que la distance de l'Océan au lac était de 27,592 mètres, que le faîte du terrain était à 83 mètres 70 centimètres au-dessus de l'Océan, et à 43 mètres 70 centimètres au-dessus du lac, ce qui donnait 40 mètres pour la hauteur du lac lui-même relativement à l'Océan. Du lac à la mer du Sud, le creusement d'un canal puisant ses eaux dans le lac n'eût rencontré de difficulté que sur 8,000 mètres séparés du lac par un espace plus facile de 2 kilomètres et demi. Le long de ces 8,000 mètres, l'élévation du terrain au-dessus du lac est d'au moins

20 mètres. Pour un instant elle se réduit à 15, c'est à 5 kilomètres du lac, et jusque là l'élévation maximum ne va pas tout-à-fait à 30 mètres. Après cette dépression, le sol se relève graduellement et atteint la hauteur, toujours au-dessus (p. 090) du lac, de 44 mètres, c'est à 9,300 mètres du lac. Il n'y a que 2,850 mètres pendant lesquels le sol soit au-dessus du lac de 30 mètres ou plus, et de cet intervalle de 2,850 mètres le quart seulement n'est pas inférieur à 40 mètres. En pareil cas ordinairement on se résigne à un souterrain, car on ne fait guère de tranchées de 44 mèt. (nous devrions dire de 50, afin de tenir compte de la profondeur de la cuvette du canal au-dessous du niveau du lac); habituellement on s'arrête à 20 mètres. Il a fallu les trésors dont disposaient les vice-rois du Mexique, les souvenirs de l'ancienne grandeur castillane, et peut-être aussi l'inexpérience des ingénieurs espagnols en matière de souterrains, pour que, dans le but d'assurer l'écoulement des lacs voisins de Mexico, qui menaçaient cette belle capitale, on ait, avec des moyens matériels très grossiers, osé entreprendre et pu terminer la tranchée de Huehuetoca, dont la profondeur est de 45 à 60 mètres pendant un intervalle de plus de 800 mètres, et de 30 à 50 mètres pendant 3,500 mètres. D'ailleurs elle a coûté une somme inouïe[46].

De nos jours cependant, dans un cas de nécessité, en déployant le matériel perfectionné dont dispose présentement l'art de l'ingénieur, on peut opérer des tranchées fort profondes, sans une dépense extraordinaire, (p. 091) à moins qu'on ne rencontre une roche très dure ou des sables coulants. Sur le canal d'Arles à Bouc, par exemple, le plateau de la Lèque a été coupé par une tranchée de 2,100 mètres de longueur, dont la profondeur, au point culminant du plateau, est de 40 à 50 mètres. La dépense a été de moins de 4 millions. Et pourtant cette tranchée a été effectuée par les procédés anciens[47]. Actuellement dans les grandes tranchées on attaque le sol avec des armes d'une puissance extrême. On applique au transport des déblais le chemin de fer et la locomotive. L'homme n'a plus à effectuer de ses bras que la fouille et la charge en wagons. Bien plus, tout récemment on s'est servi avec succès sur le chemin de fer du Nord d'une machine qui subvient fort économiquement à cette dernière partie de la besogne. Des ingénieurs européens ou anglo-américains, auxquels serait confié le percement de l'isthme, n'hésiteraient pas à se charger d'une tranchée de 50 mètres de profondeur, à moins qu'un roc fort tenace ne se présentât sur une bonne partie de la distance. Pour un objet pareil à la jonction des deux grands océans, on peut tenter même l'impossible.

(p. 092) Les résultats du nivellement de don Manuel Galisteo ne furent divulgués qu'après l'indépendance du royaume de Guatimala. Un officier de la marine anglaise, M. Bailey, chargé par l'infortuné général Morazan, qui était alors à la tête du gouvernement de l'Amérique Centrale, d'étudier le canal des deux océans, les découvrit dans je ne sais quelles archives et les communiqua à l'envoyé britannique, M. Thompson, qui les publia. Mais M. Bailey, se méfiant de cette exploration, qui semble n'avoir pas été effectuée par les moyens les plus sûrs, la recommença en suivant une autre ligne, et, dans son intéressant récit sur l'Amérique Centrale, M. Stephens a fait connaître le travail de M. Bailey.

Le tracé de M. Bailey débouche de même dans le lac près de la ville de Nicaragua. Il part d'un point situé sur la rivière San-Juan du Sud, à 2 kilomètres de la mer Pacifique; les forts navires remontent ce cours d'eau jusque là. M. Bailey n'a trouvé que 25,935 mètres de distance entre l'Océan et le lac. Le point culminant du terrain, situé à 6,211 mètres du point de départ, est à une élévation au-dessus de la mer de 187 mètres 78 centimèt. Le lac est élevé de 39 mètres 11 centimèt., et par conséquent se trouve à 148 mèt. 67 cent. au-dessous du point culminant. On l'aborde par une plage unie. D'après un profil de canal présenté par M. Stephens[48], conformément aux (p. 093) données topographiques recueillies par M. Bailey, le canal irait en montant depuis le lac, pour s'abaisser ensuite vers la mer du Sud. Sur les 13 kilomèt. qui touchent au lac, il n'y aurait qu'une écluse rachetant une pente de 2 mètres 97 centimètres; puis sur un intervalle de 1,600 mètres, il faudrait six ou sept écluses, afin de racheter 19 mètres 52 centimètres. On serait alors au point le plus élevé du canal, et ce bief de partage occuperait un espace de 4,800 mètres dont les deux tiers devraient être en souterrain, à moins qu'on ne voulût des tranchées de plus de 25 à 30 mètres[49]. Ici la hauteur (p. 094) du point culminant est telle qu'une tranchée d'une extrémité à l'autre du bief de partage serait tout-à-fait impossible. De là jusqu'à la mer du Sud, il n'y aurait plus que 4,800 mètres; sur cet espace on aurait à racheter une pente de 61 mètres.

Ainsi, d'après le projet publié par M. Stephens, le canal s'élèverait, par des écluses successives, à 22 mètres 49 centimètres au-dessus du lac, afin d'aller chercher dans le terrain un point où la crête à couper par un souterrain soit peu épaisse. Mais il faudrait qu'à cette hauteur on trouvât une quantité d'eau suffisante pour subvenir aux besoins du canal. Si l'on voulait que le canal tirât ses eaux du lac lui-même, ce qui probablement serait indispensable, car rien dans l'exposé de M. Stephens n'indique à quelles autres sources on pourrait puiser, le souterrain, placé au niveau du lac, rencontrerait la crête en un point où elle serait beaucoup plus épaisse, et, au lieu d'un peu plus de 3,000 mèt., il devrait en avoir 5,500[50]. L'art européen en est venu à ne pas s'effrayer de travaux pareils. Sur le canal de la Marne au Rhin, à Mauvage, il y a un souterrain de près de 5,000 mèt.; le grand souterrain du canal de Saint-Quentin, celui de Riqueval, a 5,677 mètres. Le souterrain du point de partage sur le canal de la Chesapeake à l'Ohio, en Amérique, (p. 095) aura 6,509 mètres. Celui de Pouilly, sur le canal de Bourgogne, a 3,333 mètres. Les canaux anglais offrent plusieurs souterrains de 2,000 à 4,000 mètres. Sur les chemins de fer anglais, on en rencontre de 4,800 mètres (chemin de fer de Sheffield à Manchester) et de 2,800 mètres (chemin de fer de Londres à Birmingham)[51]; le chemin de fer de Lyon à Marseille en aura au moins un fort étendu aussi. Cependant sur un canal maritime, les souterrains, en supposant qu'on pût jamais en admettre, ce qui est extrêmement douteux, devraient être plus spacieux et plus élevés, à peu près doubles en largeur et en hauteur de ce qui est en usage sur les canaux ordinaires dits *à grande section*, et cela dans l'hypothèse même où les navires auraient été démâtés. À une hauteur et une largeur doubles correspond une ouverture quadruple; dans les circonstances les plus propices la dépense serait quadruplée aussi, c'est-à-dire qu'aux prix d'Europe elle s'élèverait de 4 à 8,000 francs par mètre courant; de 4 à 8 millions pour 1 kilomètre.

De là, on peut conclure que le tracé de M. Bailey est fort inférieur à celui de don Manuel Galisteo, et même qu'il est inadmissible, du moment qu'il s'agit d'un canal maritime.

(p. 096) Pour les autres directions, les renseignements techniques manquent. On sait seulement que de Moabita, port situé à la pointe nord-ouest du lac de Leon, il y a jusqu'à Realejo 55 kil. et jusqu'à Tamarindo 14 ou 15, et que le sol semble s'y présenter très favorablement. Tout ce pays est à explorer encore. Ces contrées, si intéressantes pour le commerce de l'univers, si attrayantes par leur éclat, leur fertilité et le charme de leur climat, ont été moins fréquentées par les voyageurs en état, de les apprécier et par les savants avides des secrets de la nature que les plateaux inhospitaliers de la Tartarie, les déserts brûlants de l'Afrique et les glaces du pôle.

Je lis pourtant dans une description de l'Amérique Centrale et du Mexique, imprimée à Boston en 1833[52], que la ligne de faîte entre le lac de Leon et l'Océan Pacifique s'abaisse jusqu'à n'être plus que de 15 mètres 55 centimètres au-dessus du lac. L'auteur ajoute que du même lac à la rivière Tosta il n'y a que 19 kilomètres, et que cette rivière, au point où l'on pourrait la rejoindre, est à 91 centimètres au-dessus du lac. Ces faits, s'ils étaient constatés, seraient fort heureux. Dès lors on serait affranchi de l'obligation d'une coupure inusitée, et à plus forte raison d'un souterrain; car une tranchée de 22 mètres au maximum[53] n'a rien qui (p. 097) sorte de la pratique usuelle des ponts et chaussées. Ce livre ne dit pas l'origine des informations auxquelles il initie le public, et je n'en ai trouvé trace nulle antre part. Cependant quand on les rapproche des témoignages unanimes de Dampier, de MM. Rouhaud et Dumartray et de M. Stephens, on a de la peine à ne pas leur accorder créance.

Le lac de Leon est à 47 mètres 86 centimètres au-dessus du Pacifique. Cette différence de niveau pourrait se racheter par quinze écluses, en supposant qu'un jour des barrages accompagnés d'écluses fussent établis, de distance en distance, tout le long du fleuve San-Juan et de la rivière Tipitapa, ou qu'on creusât un canal latéral[54]. Ainsi, même en remontant jusqu'au lac de Leon, le canal des deux océans ne requerrait que trente écluses, dans l'hypothèse où, du lac de Leon à Realejo ou à quelque autre port de la même côte, le terrain permettrait d'ouvrir un canal qui prît ses eaux dans le lac lui-même, et par conséquent ne s'élevât jamais au-dessus du niveau du lac. C'est ce qu'on a pu faire, sans souterrain, sur un canal célèbre dans les fastes des travaux publics, le canal Érié. En quittant le lac Érié, il se déploie à ciel ouvert, et même sans tranchée profonde, d'abord au niveau du lac, puis à un niveau inférieur, et emprunte au lac les eaux dont il a besoin pour l'espace extraordinaire de 256 kilomètres. Sur le reste de son parcours il puise à d'autres sources. (p. 098) Mais la plage du lac de Leon se présente-t-elle dans des circonstances aussi exceptionnellement avantageuses? Nous ne pouvons l'affirmer positivement; cependant, on l'a vu, bien des renseignements d'origine diverse autorisent à l'espérer.

Il ne s'agit pas seulement de parvenir en canal jusqu'à la mer du Sud; pour que le problème soit complétement résolu, il faut encore trouver là un bon port. Celui de San-Juan du Sud, du voisinage duquel était parti M. Bailey, et qui était indiqué naturellement par sa proximité de la ville de Nicaragua, est-il bon ou seulement passable? Les uns le représentent comme une rade foraine, les autres comme un excellent mouillage. Cependant M. Bailey et M. Stephens, qui sont les derniers explorateurs venus dans le pays, s'accordent à en faire l'éloge. M. Stephens le trouve fort bien abrité, et M. Bailey, qui l'a sondé, l'a reconnu d'une grande profondeur. Il est bordé de rochers à pic contre lesquels les navires peuvent mouiller en sûreté[55], mais il est de peu d'étendue. On assure qu'une vingtaine de navires (p. 099) le rempliraient. En 1840, quand M. Stephens le visita, c'était une profonde solitude. Il y avait des années qu'on n'y avait aperçu une voile. Les ports du golfe de Nicoya, Las Mantas, la Punta de Arenas et Caldera, paraissent être de même d'assez bons mouillages. Le port de Tamarindo, qui se recommande par sa remarquable proximité du lac de Leon, a beaucoup d'analogie avec celui de San-Juan du Sud; au dire de ceux qui ont bonne opinion de ce dernier. Mais celui de Realejo mérite une attention toute particulière. Juarros, que personne n'a contredit en cela, le caractérise en ces termes: «Il n'y a peut-être pas, dit-il, un meilleur port dans la monarchie espagnole, et dans le monde connu il est bien peu de ports qui lui soient préférables. D'abord il est assez vaste pour que mille vaisseaux y soient à l'abri; l'ancrage est bon partout, et les gros vaisseaux peuvent venir à quai sans courir le moindre risque. L'entrée et la sortie sont extrêmement faciles, et nulle part on ne rencontrerait une pareille abondance de matériaux de construction[56].»

On a vu plus haut ce qu'il fallait penser du port San-Juan situé à l'embouchure du fleuve de même nom. Ainsi, par la direction du lac de Nicaragua, l'œuvre de la communication des deux mers se réduirait à un tronçon de canal d'un des lacs à l'Océan Pacifique, et à la canalisation des deux fleuves San-Juan (p. 100) et Tipitapa. Il n'y aurait rien à y ajouter pour mettre les deux extrémités de la ligne de navigation intérieure avec la pleine mer; ce serait tout fait d'avance. L'une des conditions principales du programme, celle que nous avons signalée plus haut (*page 49*) avec insistance, d'après l'avis de marins expérimentés, ne causerait donc aucun souci. Le trajet d'un océan à l'autre serait: si l'on aboutissait sur l'Océan Pacifique à San-Juan du Sud, de 295 kilomètres; si c'était à Tamarindo, de 455; et à Realejo, de 495.

Ce tracé présenterait un autre avantage non moins remarquable et non moins rare dans l'isthme; c'est que les travaux les plus importants, du moins ceux du canal à creuser des lacs à l'Océan Pacifique, seraient effectués dans une contrée où les travailleurs ne manquent pas, et où les maladies qui moissonnent les Européens sur les rivages de l'Atlantique, autour du golfe du Mexique et presque tout le long de l'isthme, ne séviraient point. Dans l'hypothèse la plus probable, celle où le canal de jonction partirait de Moabita, on aurait, à proximité, des bras en abondance. Le pays qui se déploie du lac de Leon à Realejo présente des centres de population rapprochés les uns des autres, en plus grand nombre qu'en tout autre point peut-être de l'ancien empire espagnol en Amérique. Dans un rayon de 50 à 60 kilomètres autour de Moabita et à une moindre distance de la ligne du canal, c'est Leon qui a 35,000 habitants, Chinandega où l'on en trouve (p. 101) aujourd'hui 16,000, Realejo, El Viejo, Nagarote, qui sont populeux aussi. Sur la rive méridionale du lac de Leon, c'est Managua qui offre 12,000 âmes. Près de là, à l'extrémité nord-ouest du lac de Nicaragua, la population n'est pas moins abondante. Indépendamment de Grenade et de Nicaragua, on peut signaler Masaya, qui a 18,000 habitants et Nandaïme qui a de l'importance. Les campagnes, peuplées pareillement, sont d'une fertilité telle qu'il serait facile d'y nourrir à peu de frais une innombrable armée de travailleurs. MM. Rouhaud et Dumartray citent des terrains qui ont donné jusqu'à quatre récoltes de maïs par an. En pensant à la beauté éclatante de ces régions, à leur richesse, à tous les priviléges que leur a prodigués la nature, on est porté à regarder comme un pressentiment l'espoir mystique qu'avait Colomb, et qu'il a naïvement consigné dans ses lettres, de découvrir le véritable emplacement du paradis terrestre dans les contrées où il venait d'aborder.

En ce moment, et depuis plusieurs années, quelques personnes des États de Nicaragua et de Costa-Rica, appuyées par leurs gouvernements respectifs, s'efforcent d'un commun accord de constituer une société qui entreprendrait une communication provisoire entre les deux océans, dans cette direction. On barrerait le Colorado; on rehausserait le niveau des eaux du fleuve San-Juan de Nicaragua à chacun des quatre rapides qui ont été indiqués plus haut. De la sorte, on pourrait avoir sur le fleuve un service (p. 102) régulier de bateaux à vapeur, qui transporteraient les marchandises, dont le port San-Juan deviendrait l'entrepôt, à Grenade, à Nicaragua, à Moabita au fond du lac Leon. Le Tipitapa serait amélioré de même à l'aide de trois barrages. La route carrossable qui va de Moabita à Realejo serait perfectionnée et régulièrement entretenue. Des magasins seraient élevés au port San-Juan, à Moabita et à Realejo. On estime qu'une somme de 12,500,000 à 15,000,000 fr. suffirait à l'entreprise ainsi réduite. Les hommes qui poursuivent l'accomplissement de ces projets pensent que ce serait un premier pas vers l'établissement d'une jonction maritime. On ne peut contester que des moyens de transport faciles, tels que des bateaux à vapeur du littoral de l'Atlantique au cœur de l'Amérique Centrale, seraient propres à attirer dans ces heureuses régions, à peu près vierges encore, beaucoup d'Européens industrieux, avides de faire fortune. L'Amérique Centrale cesserait d'être un pays mystérieux, et ses ressources une fois dévoilées, elle fixerait l'attention des capitalistes et des gouvernements des grandes puissances. D'ailleurs, n'est-il pas dans l'ordre de la nature que tout aille par degrés et que les commencements des plus vastes créations humaines le plus souvent soient fort humbles?

Au-delà du lac de Nicaragua, les montagnes se redressent encore, mais l'isthme se rétrécit de plus en plus. Il a d'abord 130 à 150 kilomètres dans la province de Veragua; sur la baie de Panama, (p. 103) il est à son minimum. À Panama, il n'est que d'environ 65 kilomètres, et à la baie de Mandinga, qui est un peu plus loin à l'est, c'est sensiblement moins encore[57]. La hauteur des montagnes, donnée de laquelle, bien plus encore que de la largeur de l'isthme, dépend la possibilité du canal, est très variable dans le long intervalle du lac de Nicaragua au massif de l'Amérique méridionale. D'après le mémoire adressé par M. Wheaton à l'institut de Washington, dans l'État de Costa-Rica, qui suit celui de Nicaragua, l'élévation moyenne de la chaîne est d'environ 1,600 mètres: c'est la hauteur des sommets les plus élevés des Vosges. Dans la province de Veragua, par laquelle la Nouvelle-Grenade touche à cet État, elle atteint et surpasse celle des Pyrénées[58], et même un plateau y régnerait uniformément sur un certain espace. Mais quand on s'avance plus à l'est et qu'on se place sur l'isthme de Panama proprement dit, qui borde, sur l'Océan Pacifique, le vaste espace semicirculaire qu'on nomme la baie de Panama, on voit la chaîne se briser, s'éparpiller, rentrer sous terre, pour se relever (p. 104) bientôt, il est vrai; car dans l'isthme de Panama lui-même, à l'est de Chagres, entre cette ville et Porto-Belo et au-delà, les cimes apparaissent de nouveau. Cependant, à la baie de Mandinga, où l'isthme est réduit à son minimum d'épaisseur, M. Lloyd assure qu'une autre vallée se présente transversale de mer à mer. C'est une question qu'il serait du plus grand intérêt d'éclaircir.

Arrivons donc à l'isthme de Panama.[Table des matières]

(p. 105) CHAPITRE VIII.

QUATRIÈME PASSAGE. — ISTHME DE PANAMA PROPREMENT DIT.

Absence d'observations dans cet isthme jusqu'à ces derniers temps. — Aspect général du pays qui entoure Panama. — Collines isolées ou en petits groupes se dressant sur une surface plane; cours d'eau multipliés; le Chagres et le Trinidad navigables. — Les voyageurs et les marchandises vont de Chagres à Gorgona ou à Cruces par le Rio Chagres, et de là se rendent à Panama à dos de mulet. — Cours d'eau sur le versant de l'Océan Pacifique: le Caïmito, le Rio Grande; leurs affluents: la Quebra Grande, le Farfan, le Bernardino. — Ce passage est fréquenté depuis longtemps; c'est par là que passa François Pizarre, quand il alla conquérir le Pérou. — Route pavée qui a existé de Cruces à Panama. — Négligence malhabile du gouvernement espagnol. — Bolivar fait étudier l'isthme par MM. Lloyd et Falmarc; opérations de ces ingénieurs; elles se réduisent à mesurer la hauteur d'un point de partage déterminé entre les deux océans et la différence de niveau entre les deux océans. — Il résulte de ces opérations que cette localité n'est pas plus défavorable que d'autres où l'on a fait passer un canal. — Études (p. 106) nouvelles par M. Morel au nom de la compagnie franco-grenadine; il indique un point de partage extrêmement déprimé; si bien qu'on pourrait ménager un véritable détroit artificiel. — Trajet de 75 kilomètres seulement entre Panama et Chagres. — Ces résultats surprenants, inouïs, sont démentis; néanmoins la localité demeure très favorable. — Reproches encourus par le gouvernement espagnol. — Le tracé proposé aujourd'hui l'avait été en 1528. — Réflexion au sujet des découvertes qui se perdent et se retrouvent.

Des débouchés du canal en mer. — Le port de Chagres est déjà passable. — Par une coupure qui communiquerait avec la baie de Limon on aurait un port excellent. — Du côté de Panama ce serait plus difficile; le port de la ville de Panama est à une certaine distance au large contre un groupe de trois îles. — Il faudrait creuser en mer et garantir par des jetées un chenal entre ce mouillage et la terre ferme. — Diverses manières de déboucher eu mer.

Rareté des travailleurs indigènes; on aurait besoin d'emmener des ouvriers d'Europe. — Précautions à prendre alors pour l'hygiène. — Emploi d'hommes disciplinés et dociles tels que les soldats du génie.

De la baie de Mandinga et d'un passage possible derrière la Boca del Toro. — Mines de charbon.

Au commencement du siècle, M. de Humboldt se plaignait de ce que, dans l'isthme de Panama, la hauteur de la Cordillère qui forme l'arête de partage fût aussi peu connue qu'elle pouvait l'être avant l'invention du baromètre et l'application de cet instrument à la mesure des montagnes. Il n'existait ni un nivellement de terrain, ni une détermination géographique bien exacte des positions de Panama et de Porto-Belo, quoique la couronne d'Espagne eût dépensé des sommes énormes pour fortifier ces deux places et en faire de grands établissements destinés à garder, comme de vigilantes sentinelles, chacun l'un des deux océans. De toutes parts, on disait que le canal de Panama serait une (p. 107) œuvre à illustrer un règne et un siècle, et pas un ingénieur n'y était envoyé pour en mesurer, même approximativement, les difficultés. D'intrépides navigateurs, Dampier et Wafer, étaient passés par là et y avaient fait un séjour; ils avaient observé comme le bourgeois de Londres ou de Paris le plus étranger à la science géodésique l'aurait pu faire. Tout ce qu'ils avaient rapporté de ces lieux, au sujet de la configuration du terrain, se réduisait à cette information vague, qu'à l'œil le pays ne paraissait pas hérissé de montagnes; que la chaîne centrale, dont les proportions ne dépassaient pas celles de collines, était morcelée, et qu'on y trouvait des vallées laissant un libre cours aux rivières, un facile passage aux chemins. Bouguer et La Condamine étaient restés trois mois dans l'isthme, ainsi que les astronomes espagnols don George Juan et Ulloa, leurs compagnons de labeurs. Ni les uns ni les autres n'avaient eu la curiosité de consulter leur baromètre pour apprendre au monde quelle était la hauteur du point le plus élevé sur la route qu'ils avaient suivie entre les deux océans.

L'aspect général du pays qui entoure Panama et s'étend par-derrière jusqu'à l'autre océan est celui d'une surface plane, de laquelle s'élèvent en grand nombre des collines isolées les unes des autres ou groupées en petits massifs, entre lesquels se déroulent, en se contournant, des vallées boisées et quelquefois des savanes ou prairies sans arbres. Les sommets ont rarement plus de 100 à 150 mètres au-dessus (p. 108) de leur base. Entre Chagres d'un côté et la baie de Chorrera, située sur le Pacifique, à 17 kilomètres à l'ouest de Panama, ils deviennent encore plus rares et moins élevés; sauf quelques pitons solitaires, on dirait un sol uni; c'est l'impression qu'il a laissée sur plusieurs navigateurs qui ont défilé sur ces côtes. Les cours d'eau sont multipliés; ceux du versant de l'Atlantique se réunissent et du nord et du midi pour former le Rio Chagres, qui débouche au port du même nom, et qui, dans la partie de son cours où la marée se fait sentir, et particulièrement jusqu'au confluent du Trinidad, présente une profondeur de 5 mètres et demi à 6 mètres 75 centimètres, et plus encore, suivant le rapport du commandant Garnier, de la marine française. Le cours général du Chagres figure un demi-cercle dont la corde est au nord. Il coule d'abord au sud-ouest, puis, se détournant insensiblement, il finit par se diriger vers le nord-ouest, et atteint ainsi l'Océan. Il est navigable, pour de grandes pirogues, depuis Cruces, qui est placé dans l'isthme aux trois cinquièmes de sa largeur, à partir de l'Atlantique, et en suivant les sinuosités du fleuve à 82 kilomètres du rivage. Son principal affluent, le Rio Trinidad, qu'il rencontre à 21 kilomètres de son embouchure, vient du midi et lui apporte beaucoup d'eau; le Trinidad est navigable lui-même assez avant. Depuis longtemps, le voyage entre les deux océans s'effectue d'abord au moyen de pirogues qui remontent les voyageurs et les objets de Chagres à Gorgona (p. 109) ou plus haut, de préférence, à Cruces, ensuite avec des mulets, sur le dos desquels hommes et marchandises franchissent l'intervalle de 25 à 30 kilomètres qui sépare Cruces ou Gorgona de Panama[59]. Sur le versant du Pacifique, les cours d'eau moins centralisés, si je puis ainsi dire, se rendent plus isolément à la mer. L'un d'eux, le Caïmito, qui se décharge dans la baie de Chorrera, et qu'on appelle Quebra Grande dans sa partie supérieure, a ses sources très voisines de celles du Trinidad. Un autre, le Rio Grande, qui se jette dans la baie de Panama, semble appelé aussi à jouer un rôle dans la communication des deux océans. Parmi ses affluents, on distingue le Farfan (ou Falfan), qui s'y verse par la droite, tout près du rivage.

Depuis longtemps, la facilité des communications d'un océan à l'autre par Panama avait été remarquée. À l'origine de la colonisation du Nouveau-Monde, ce fut une route fréquentée. C'est par là que passa François Pizarre, quand il revint d'Europe plein d'espoir, avec les encouragements du grand Cortez[60], (p. 110) à la tête d'une petite armée destinée à conquérir le Pérou, dont il avait vu les côtes en un premier voyage. Bien plus, si l'on s'en rapporte à la tradition, cet homme entreprenant fit construire une route pavée au travers de l'isthme, entre Cruces et Panama. Aujourd'hui et depuis longues années, cette route est défoncée, méconnaissable. Dans nos pays de l'Europe tempérée, c'est de l'herbe qui s'efforce de croître entre les pavés des chemins ou entre les assises des monuments: dans les climats voisins de l'équateur, ce sont des arbres qui y poussent; à moins que la main vigilante de l'homme ne soit là sans cesse, ses ouvrages périssent bientôt, et c'est avec effort qu'on en retrouve les traces. M. Léon Leconte a cependant très bien reconnu les vestiges de la route attribuée à Pizarre[61].

Panama resta jusqu'au milieu du XVIIIe siècle le rendez-vous des trésors de l'Amérique méridionale se dirigeant vers la métropole. À Panama, qui (p. 111) était bien fortifié sur le Pacifique, répondait, sur l'autre océan, Porto-Belo (ou Puerto-Belo), ainsi nommé par Christophe Colomb, lorsqu'il le découvrit en 1502, parce que c'est un port excellent. Les galions d'Espagne venaient prendre à ce dernier port les espèces du Pérou et du Chili. Une mauvaise route unissait Porto-Belo à Panama, mais il ne paraît pas qu'il y ait jamais eu un service organisé de transport en diligence ou même en charrette.

L'abandon où l'isthme a été laissé pendant les deux derniers siècles pourrait donner lieu de croire, ainsi que quelques personnes l'ont écrit, que «l'Espagne, par une politique ombrageuse, voulait refuser aux autres peuples un chemin au travers de possessions dont elle a dérobé longtemps la connaissance au monde entier.» Mais c'était plutôt de l'incurie que du calcul. Si quelque nation entreprenante avait voulu se rendre maîtresse de l'isthme, elle l'eût pu dans l'état d'inculture et de dépeuplement où il restait sous la domination espagnole. On y trouvait, en effet, de belles fortifications, mais pas de bras pour les défendre. Il est du moins certain que l'Espagne ne faisait rien pour utiliser ce passage si bien indiqué. On voyait, il y a quarante ans, des productions des provinces de la Nouvelle-Grenade, riveraines du Pacifique, se rendre dans l'Océan Atlantique par une longue navigation de Guayaquil à Acapulco, c'est-à-dire d'un port situé bien au midi de la pointe méridionale de l'isthme à un port placé bien au nord de (p. 112) l'autre extrémité, pour franchir ensuite les deux cents lieues d'Acapulco à la Vera-Cruz à dos de mulet, au travers des aspérités colossales du sol mexicain.

À peine Bolivar eut-il affranchi la Colombie et assuré à Ayacucho l'indépendance du Pérou, dont les patriotes avaient imploré son secours, que son attention se tourna du côté de l'isthme de Panama proprement dit, dépendance de la république aux destinées de laquelle ce grand homme présidait. Un ingénieur anglais, M. Lloyd, reçut de lui, en novembre 1827, la mission de dresser le plan de l'isthme et d'y rechercher la meilleure ligne à suivre pour faire communiquer les deux océans par un canal ou par une route macadamisée. M. Lloyd arriva à Panama en mars 1828, et y fut joint par le capitaine Falmarc, ingénieur suédois au service de la Colombie. Ces deux commissaires jugèrent que, pour mieux remplir leur mandat, et d'abord pour déterminer le niveau relatif des deux mers, ils n'avaient rien de mieux à faire que de suivre la vieille route de Panama à Porto-Belo, jusqu'à la rencontre de la rivière Chagres, qui, avons-nous dit, se jette dans l'autre océan, et de descendre ensuite cette rivière jusqu'au port de Chagres. C'était un circuit de 150 kilomètres environ, entre deux points qui ne sont éloignés l'un de l'autre, à vol d'oiseau, sur la carte publiée par M. Lloyd, que de 65. On ne peut s'expliquer le choix de ce tracé que par le désir de faire jouir des avantages de la communication (p. 113) océanique la cité renommée jadis de Porto-Belo. Il s'en faut de peu que Panama et Porto-Belo ne soient exactement vis-à-vis l'une de l'autre sur l'isthme; mais rien ne donnait l'espoir de rencontrer dans cette direction une dépression extraordinaire de la ligne de faîte entre les deux océans. Il résulte au contraire du mémoire de M. Lloyd, inséré dans les *Transactions philosophiques* de la Société royale de Londres (1830), que la configuration du sol devient de plus en plus montueuse entre Panama et Porto-Belo, à mesure qu'on s'approche de cette dernière ville, et qu'un canal y serait impraticable.

Le point de partage entre Panama et la rivière Chagres fut trouvé à Maria-Henrique, qui est éloigné de 21 kilomètres $^3/_4$ de Panama et de 15 kilomètres de la rivière. La hauteur du point de partage entre les deux océans, mesurée ainsi pour la première fois dans l'isthme de Panama proprement dit, fut de 196 mètres 39 centimètres au-dessus de la mer moyenne à Panama, et de 197 mètres 46 centimètres au-dessus de l'Atlantique à Chagres; car le niveau des deux mers n'est pas le même: à marée moyenne, le Pacifique est de 1 mètre 7 centimètres au-dessus de l'Atlantique. Moyennant une tranchée semblable à celles qu'on pratique journellement, le niveau de l'eau, dans le bief de partage du canal, serait ramené aisément à 180 mètres environ au-dessus de l'Atlantique (178 mètres 93 centimèt. au-dessus du Pacifique)[62].

(p. 114) M. Lloyd ne dit rien sur la possibilité de conduire un approvisionnement d'eau convenable au point culminant de Maria-Henrique. Il est évident, pour quiconque parcourt son mémoire, qu'il se proposait de faire d'autres études, et qu'il sentait le besoin de les faire; mais après deux campagnes qui pourtant avaient duré seulement, l'une du 5 mai au 30 juin, l'autre du 7 février à la fin d'avril, craignant (p. 115) de prolonger son séjour dans une contrée malsaine pour les Européens non acclimatés, ou peut-être par d'autres motifs, il revint en Angleterre[63]. D'ailleurs, en supposant qu'on pût conduire à Maria-Henrique la quantité d'eau nécessaire pour alimenter le canal, et en faisant abstraction des proportions extraordinaires à donner ici aux écluses, on se fût trouvé, pour les pentes à racheter, en-deçà des limites habituelles. La pente, en effet, eût été réduite sans la moindre peine, sur le versant de l'Atlantique, à 180 mètres, sur celui du Pacifique, à 179; total, 359 mètres. D'après ce qui a été rapporté plus haut, ce n'est qu'un peu plus des deux tiers du canal de Bourgogne, (p. 116) et beaucoup moins de la moitié du canal, à demi exécuté présentement, de la Chesapeake à l'Ohio, où la pente et la contre-pente, avons-nous dit, seront de 963 mètres.

Quelque incomplet qu'ait été le travail de MM. Lloyd et Falmarc, et quoique leur nivellement n'ait pas été répété, ainsi que M. Lloyd le reconnaît, on est cependant autorisé à en conclure non seulement, ce qu'au surplus on savait déjà, que l'isthme est déprimé aux environs de Panama, mais encore qu'il l'est notablement plus dans certaines directions que dans celle de Maria-Henrique; car M. Lloyd, qui paraît avoir assez bien examiné le pays, conclut formellement en signalant pour le chemin de fer, si l'on en voulait un entre les deux océans, deux tracés s'écartant peu de la ligne droite qui unirait Panama et Chagres. Ces deux tracés ne diffèrent qu'en ce qu'ils aboutissent sur le Pacifique, l'un à Panama même, l'autre à la baie de Chorrera. D'ailleurs, au lieu d'aller jusqu'au port de Chagres, ils se terminent au confluent du Rio Chagres et du Rio Trinidad, le Rio Chagres pouvant être remonté jusque là, on l'a déjà vu, par de forts navires.

À l'égard d'un canal, son opinion est que *probablement* le meilleur tracé consisterait à remonter le Trinidad, de manière à venir se rattacher à l'un des cours d'eau qui se déversent dans l'Océan Pacifique. D'ailleurs M. Lloyd ne songeait pas à un canal maritime, et, circonstance qui (p. 117) l'excuse, la question ne lui en avait point été posée.

Pendant dix années, à partir de l'exploration de MM. Lloyd et Falmarc, il n'y eut aucune étude nouvelle. Le temps se passa en vains efforts pour constituer des compagnies financières capables de mener à fin ce grand œuvre. Enfin la compagnie franco-grenadine, jusqu'à ces derniers temps sinon aujourd'hui encore investie du privilége de la communication des deux océans par Panama, envoya de la Guadeloupe, où résident ses chefs français, MM. Salomon, un ingénieur, M. Morel, qui a dû prendre la question au point où l'avaient laissée les deux ingénieurs commissionnés par Bolivar. Il a cherché le tracé d'un canal un peu au midi de la ligne droite qui serait conduite de Chagres à Panama, en se plaçant dans l'angle compris entre le Rio Chagres et le Rio Trinidad.

Le Bernardino, l'un des tributaires du Rio Caïmito, résulte de la jonction de deux ruisseaux, dont l'un garde le nom de Bernardino, et l'autre a reçu celui de Yequas. Les diverses variantes du canal des deux océans qu'a présentées M. Morel consistent à venir chercher l'un ou l'autre de ces rameaux en passant tantôt à droite, tantôt à gauche d'un monticule qui les sépare. Le terrain situé dans l'angle du Rio Chagres et du Rio Trinidad est marécageux; on y trouve des eaux stagnantes, de véritables lacs, dont l'un, celui de Vino Tinto, a plus d'une lieue de diamètre. M. Morel projetait d'abord (p. 118) de traverser le Vino Tinto, afin de venir aux sources du Yequas; de là, après s'être tenu quelque temps latéralement au Bernardino, on se fût dirigé, au travers d'autres marécages, sur le Rio Farfan (ou Falfan), affluent du Rio Grande, et on sait que celui-ci baigne pour ainsi dire les faubourgs de Panama. Un autre tracé de M. Morel, plus récent encore, partirait du confluent même du Trinidad et du Chagres, et laisserait à droite le lac de Vino Tinto pour traverser un autre lac non dénommé encore, car c'est un terrain tellement vierge, que les traits les plus caractéristiques de la configuration du sol, montagnes, rivières et lacs, n'y ont pas même de nom. De là, en longeant le Lyrio, affluent du Caño Quebrado, qui lui-même se jette dans le Chagres au-dessus du Trinidad, on s'avancerait en ligne droite jusqu'aux sources du Bernardino proprement dit, et on le suivrait jusqu'à 5 kilomètres environ de la baie de Chorrera. On prendrait ensuite à gauche pour contourner les collines de Cabra (nommées *collines de Biqué* sur les plans de M. Morel), en passant à leur pied du côté de la mer. On continuerait ainsi jusqu'au Rio Farfan et au Rio Grande. Par l'un et l'autre de ces tracés, le canal est très court, et, au dire de M. Morel, le point de partage eût été déprimé à un degré inespéré. Entre le lac de Vino Tinto et l'Yequas, M. Morel l'indiquait à 11 mètres 28 centimètres seulement au-dessus de la mer moyenne à Panama. En venant du confluent du Trinidad et du (p. 119) Chagres rejoindre le Bernardino proprement dit, cette élévation n'eût plus été que de 10 mèt. 40 cent. À ce compte donc, il eût suffi que la mer montât de la hauteur d'une des maisons les plus basses de Paris pour que les deux océans fussent joints naturellement, et que l'Amérique méridionale devînt une île entièrement séparée de l'Amérique du Nord. Et comme rien n'est plus facile ni plus usuel que de creuser des tranchées de 15 à 16 mètres de hauteur, et qu'on va même sans grand effort au-delà de 20 mètres, on voit qu'en restant dans la limite des travaux habituels, on eût pu creuser le canal, même en donnant à sa cuvette la grande profondeur de 7 mètres, de telle façon qu'il s'alimentât, au moment même des plus basses marées, avec les seules eaux de la mer. C'eût été alors littéralement un détroit artificiel. Mais dans le terrain marécageux qui forme cette vallée transversale d'océan à océan, on devrait avoir toute facilité pour s'approvisionner d'eau sans recourir à la mer. Un canal situé de la sorte aurait requis d'ailleurs un faible approvisionnement d'eau, quelles qu'en fussent les dimensions, car, en ce terrain bas et humide, l'infiltration, qui, de toutes les causes de dépense d'eau sur les canaux, est la plus active, ne serait aucunement à craindre.

Quant à la longueur du canal entre Chagres et Panama par le dernier tracé de M. Morel, qui, pour se conformer au texte de la loi de concession votée par le congrès de la Nouvelle-Grenade, ne (p. 120) s'est arrêté ni au Rio Farfan ni même au Rio Grande, et s'est avancé jusque dans l'intérieur de Panama à la *Playa Prieta*, elle ne serait que de 75,400 mètres, et déduction faite de la navigation dans le lit du Chagres, de 54 kilomètres et demi, dont 28 sur le versant de la mer du Sud, et 26 et demi sur celui de l'Atlantique. Ce serait donc l'un des canaux les plus courts du monde. En admettant les nivellements présentés par M. Morel, il eût été plus curieux encore par l'absence des écluses, car il ne lui en aurait fallu aucune, si ce n'est à chaque extrémité, pour corriger l'effet des marées en retenant, au moyen des portes dont toute écluse est munie, les eaux à un niveau fixe dans le canal pendant le flux et le reflux.

Lorsque ces résultats furent soumis au gouvernement français par MM. Salomon, au nom de la compagnie franco-grenadine, ils furent jugés, je ne dirai pas surprenants, ce ne serait point assez, mais merveilleux. Les hommes de l'art les qualifièrent d'incroyables, tant c'était de l'imprévu, de l'inouï. Cependant MM. Salomon semblaient ne pouvoir être, pour nous servir d'une vieille formule des traités de philosophie scolastique, ni trompés ni trompeurs. Trompeurs, comment l'eussent-ils été? ils sollicitaient du gouvernement qu'il fît vérifier leurs indications par un ingénieur de son choix. Trompés, c'était tout aussi malaisé à penser: ils se portaient forts pour leur ingénieur, et celui-ci assurait avoir répété ses opérations et les avoir contrôlées (p. 121) les unes par les autres. Cependant il y a tout lieu de croire aujourd'hui que M. Morel s'était mépris lui-même et qu'il avait mal observé. De premières opérations sommaires ont conduit le savant ingénieur que le gouvernement a envoyé sur les lieux à présumer que le point de partage signalé par M. Morel serait plus élevé d'une centaine de mètres au-dessus de la mer. Le chiffre de M. Morel n'était rien moins que miraculeux; celui-ci serait encore remarquable et heureux à un degré extrême. Nous supposerons qu'on pratiquerait au point culminant une tranchée fort profonde, d'une cinquantaine de mètres, afin de diminuer le nombre des écluses, d'augmenter les facilités de l'approvisionnement d'eau et d'en restreindre la consommation. Et répétons-le, avec les armes perfectionnées qu'a aujourd'hui l'ingénieur dans son arsenal, une pareille tranchée serait possible et raisonnable, sauf le cas où l'on rencontrerait des roches dures à l'excès ou des sables mouvants, ce qui serait pire encore, ou à moins que le sol ne présentât dans les environs du point de partage une déclivité trop uniforme, de sorte que pour donner à la tranchée cette profondeur au point culminant, il fallût la faire démesurément longue.

Cette centaine de mètres de surplus d'élévation se résoudrait probablement en un surcroît de dépense de 35 ou de 40 millions[64]. La somme est (p. 122) forte; pourtant si les gouvernements des grandes puissances songeaient à prendre l'entreprise sous leur patronage ou à leur charge, elle ne saurait les arrêter.

L'erreur plus que probable aujourd'hui de M. Morel, quelque grave qu'elle soit, peut s'expliquer par des circonstances atténuantes: les nivellements à opérer autrement qu'au baromètre (et un nivellement barométrique n'est que sommaire et approximatif) ne sont pas aisés dans les régions tropicales, là particulièrement où le sol est humide. Ce n'est pas seulement qu'alors le pays est insalubre, et que les insectes dévorants sont multipliés dans l'atmosphère au point de l'épaissir. C'est plus encore que la végétation acquiert une force extraordinaire et une densité dont, en Europe, nous ne pouvons avoir l'idée. Ce sont des fourrés où il faut une force armée pour se frayer un étroit passage, et qui se ferment sur les pas de ceux qui viennent de les ouvrir. Je me souviens d'un conte de fée où figurait un personnage doué d'une ouïe si fine qu'il *entendait* l'herbe croître. Cette hyperbole est bonne à citer pour faire comprendre la rapidité et la vivacité avec laquelle les arbres et les lianes poussent et s'entrelacent, sous le soleil des tropiques, dans les terres basses où l'eau abonde, et quels obstacles l'ingénieur qui veut arpenter le terrain rencontre devant lui. M. Morel aurait eu besoin d'avoir (p. 123) sans cesse avec lui vingt ou trente intrépides auxiliaires comme nos sapeurs-mineurs, qu'en pareil cas nos officiers ont employés aux colonies avec succès pour dégarnir le sol.

Mais rien ne peut excuser le gouvernement espagnol de n'avoir pas utilisé, dans l'intérêt général des relations humaines, cette extraordinaire vallée. Il disposait d'hommes héroïques qui traversaient la chaîne des Andes à la plus grande élévation, au milieu des neiges, sans vivres, presque sans vêtement, malgré les précipices affreux et les bêtes féroces, malgré les flèches empoisonnées des Indiens, les angoisses de la faim et la rudesse indomptable du climat dans les passages entre les cimes neigeuses. À trois siècles tout juste en arrière de nous, il n'avait pas à appeler et à exciter les hommes entreprenants, il n'avait qu'à les laisser faire. Quel fléau n'a pas été Philippe II, et quelle malédiction n'a pas méritée sa mémoire!

Qu'on me permette une autre réflexion: nul moins que moi n'est porté à déprécier le temps présent. Le genre humain, en ce siècle, se montre grand par l'audace et l'étendue de ses entreprises sur la nature qui l'entoure, sur la planète qui lui a été donnée pour demeure. Il est vraiment doué d'une puissance de mise en œuvre qui excite mon admiration et mon respect. Une circonstance pourtant me frappe et humilie ma vanité d'enfant du XIXe siècle. Ce canal de l'isthme, au tracé duquel nous venons enfin d'arriver, les *conquistadores*(p. 124) espagnols en avaient eu la révélation et en avaient conçu le dessein. En 1528, quinze ans seulement après que l'existence de la mer du Sud eut été constatée, un canal avait été proposé précisément par ce même tracé, du Rio Chagres, du Rio Trinidad, et du Caïmito ou du Rio Grande; mais on n'y avait plus songé depuis. Quelque endormeur de la civilisation avait sans doute dit à Madrid que c'était difficile, impraticable, ou, qui sait? funeste au maintien de la domination espagnole dans le Nouveau-Monde; chacun l'avait répété; il y avait eu chose jugée. Et voilà que cette même idée reparaît de nos jours comme une nouveauté, pour recevoir, je l'espère, la sanction de la pratique. La civilisation est comme un trésor que les nations successivement portent en avant de station en station, en y ajoutant sans cesse des richesses nouvelles tirées du fonds de leur génie, et quelquefois il faut le sauver à la hâte, comme le pieux Énée emportait ses pénates du sac de Troie. Mais le faix est lourd: il faut pour le mouvoir de robustes épaules sous lesquelles s'agite un grand cœur. À certains instants, des peuples noblement inspirés ou poussés par le flot du genre humain tout entier le déplacent et l'avancent en un clin d'œil bien au-delà des limites aperçues par leurs devanciers. D'un bond, l'on croirait qu'ils vont franchir l'espace qui nous sépare du but définitif; lorsque tout-à-coup, par l'épuisement de leurs forces, ou à la suite de quelques grandes fautes qui les troublent, ou par (p. 125) l'effet d'un vice dans leur tempérament, ou bien par l'égoïsme et l'ineptie de leurs chefs, on les voit chanceler dans leur marche, et le rôle sublime de coryphées du genre humain passe à d'autres. Cette substitution est violente, et dans le choc il s'égare plus que des parcelles du précieux dépôt. Plus tard on retrouve ces riches joyaux abandonnés sur le bord du chemin, et presque toujours quelque tradition des anciens temps, religieusement transmise dans l'ombre, a aidé à cette seconde découverte. En ajoutant ces nouveaux fleurons à la couronne de l'humanité, on est trop enclin à oublier que ce qu'on lui donne n'est que la dépouille d'un siècle antérieur, et on s'affranchit de la reconnaissance qu'on doit à de grands esprits et à des cœurs bienfaisants auxquels pourtant cette récompense est bien méritée; car l'injustice des contemporains et l'amertume de la vie semblent, par une loi fatale, former le patrimoine des hommes en qui la providence a mis le feu sacré de l'invention. Le vautour de Prométhée n'est point une fable; c'est une histoire véritable de tous les jours.

Pour une communication océanique, avons-nous dit, de bons débouchés en mer aux deux extrémités ne sont pas moins indispensables que de favorables conditions topographiques et hydrauliques, telles qu'une faible épaisseur de terre ferme à trancher, l'absence des montagnes et un approvisionnement d'eau suffisant pour alimenter une belle ligne de grande navigation. Tant que, sous ce rapport (p. 126) maritime, l'isthme entre Chagres et Panama n'aura pas donné satisfaction, les avantages qu'il présente pour le creusement d'un canal large et profond seront encore comme non avenus. Or donc, y a-t-il et à Panama et à Chagres un bon port, aisé à rendre accessible pour les navires arrivant de l'intérieur par le canal, tout comme pour ceux qui viendraient de la pleine mer?

Le port de Chagres est formé par la rivière de ce nom. Sur la barre de la rivière, suivant le capitaine Garnier, commandant le brick *le Laurier*, de la marine française, on trouve encore une profondeur d'eau de 4 mètres et demi[65], et, d'après, ce même officier, dans des circonstances favorables, un navire calant 4 mètres peut y entrer. Quand le vent est fort, la barre est presque infranchissable. On va alors dans la baie de Limon, qui est à 6 ou 7 kilomètres à l'est de Chagres (M. Lloyd estime cette distance à 4,800 mètres seulement).

La barre offre sous le sable un rocher calcaire tendre, qui, se redressant au milieu, forme le banc de la Laja, par lequel l'embouchure de la rivière est partagée en un double chenal. Ce banc, situé à une encablure de la pointe sur laquelle s'élève le château San Lorenzo, rend l'entrée dangereuse; (p. 127) car, lorsqu'on double la pointe du fort pour entrer, le vent refuse souvent, et le courant jette le bâtiment sur les brisants. Il serait possible de miner le banc de la Laja de manière à élargir la passe; on pourrait espérer de même, en faisant jouer la mine, d'accroître la profondeur de l'eau sur la barre, partout où le roc se présente sous une faible épaisseur de sable ou de vase. Mais la suppression du roc ne suffirait pas pour faire disparaître la barre. La cause qui occasionne ces dépôts à l'embouchure de tous les fleuves continuant à agir, il se pourrait que la barre persistât après ces travaux sous-marins, et qu'en dépit de tous les draguages, à la suite de chaque tempête elle regagnât la même hauteur qu'elle a aujourd'hui. Ensuite, dans le port de Chagres, tel qu'il est, les plus forts navires ne seraient pas suffisamment abrités contre les vents du nord. Heureusement on a la ressource de substituer à l'entrée de la rivière de Chagres la baie de Limon, où les vaisseaux de ligne eux-mêmes peuvent mouiller, et qui n'est séparée de la rivière de Chagres que par une plage sablonneuse tout unie, dans laquelle il serait facile de creuser un canal. Il faudrait cependant une jetée dans la baie pour défendre les navires des vents du nord. Ce serait alors un des ports les plus sûrs et les plus spacieux.

Une fois dans la rivière, les navires ont, sous le fort San-Lorenzo, qui commande la ville de Chagres, un mouillage de 5 mètres et demi à 7 mètres 32 cent.; puis, dans le chenal, au moins jusqu'au (p. 128) Trinidad, ils trouvent une profondeur à peu près égale[66]. Du côté de la pleine mer, l'eau va en s'approfondissant fort vite. À 1,800 mètres de la barre, au large, il y a 17 mètres d'eau.

On serait donc servi à souhait du côté de l'Atlantique. Sur le versant du Pacifique, le port qui s'indique naturellement est celui de Panama, qu'on pourrait, avec plus de raison, qualifier de rade ou même de golfe, car c'est un espace ouvert parsemé de jolies îles. Nulle part les bâtiments n'y peuvent atterrir. La plage plonge doucement, et ce n'est guère qu'à 2,000 mètres de terre que l'on trouve à marée basse 6 mètres d'eau. Les navires, pour être très bien abrités, vont se ranger sous un groupe de trois îles qui sont à 3,500 mètres au sud de la ville, en face de l'embouchure du Rio Grande, et que l'on nomme Lleñao, Perico et Flamingo. De là les cargaisons s'envoient en ville sur des pirogues[67].

Le Rio Grande, par lequel on peut supposer provisoirement que le canal déboucherait dans l'Océan Pacifique, présente à sa barre fort peu de profondeur. À marée basse, c'est d'un mètre à deux, et de même ce n'est qu'à une certaine distance en mer qu'on trouve un mouillage dont puisse (p. 129) s'accommoder une corvette de guerre ou un paquebot transatlantique sur le modèle actuellement en construction; mais, tout le long de cette plage, existe sous la vase, à peu de profondeur, un calcaire madréporique, corail grossier qui se prêterait facilement à un creusement sous-marin. Le groupe des trois îles contre lesquelles se tiennent de préférence les navires étant vis-à-vis de l'embouchure du Rio Grande, on pourrait, moyennant des travaux hydrauliques, qui pourtant seraient considérables, établir entre ces îles et l'emplacement actuel de la barre un bon port, d'un accès facile et du côté de la terre et du côté de la mer.

Il y aurait lieu d'examiner si, du côté de la baie de Chorrera, il ne serait pas plus aisé qu'à Panama même de ménager un mouillage commode, profond et sûr, bien accessible et du côté de la pleine mer et du côté de la terre, et si par conséquent ce n'est point là que devrait aboutir le canal, en suivant le Caïmito, ou en coupant au travers de la plage, afin d'éviter la barre de cette rivière.

Autant qu'on peut en juger avec les renseignements insuffisants auxquels on est réduit encore en Europe, la dépense requise pour établir des ports irréprochables à chacune des extrémités du canal de Chagres à Panama serait égale à celle du canal lui-même.

Panama passe pour un endroit salubre; mais Chagres est très malsain. Le nom de Chagres commence à être fort connu en Europe. Les documents (p. 130) publiés par les gouvernements français et anglais lui ont donné une sorte de célébrité. Ce n'est pourtant qu'un amas de huttes éparses au milieu de la boue sur une plage marécageuse. Et quelles huttes! non pas de ces habitations en briques cuites au soleil, et aux murailles blanchies à la chaux, qui forment les jolis villages du plateau mexicain, mais quelque chose comme les misérables *gourbis* qui servent d'asile aux Arabes dans la plaine de la Mitidja; de méchants abris en roseaux, couverts de feuilles de palmier, que peuplent trois cent cinquante à quatre cents créatures humaines, dénuées de tout, ignorant de la civilisation toute chose, minées par la fièvre intermittente et dévorées de la lèpre. Le fort de San-Lorenzo qui commande la place est un mauvais réduit que le commandant du *Laurier* trouva gardé par huit miliciens, sans canon ni poudre, manquant même d'un drapeau pour montrer aux navires venus du large chez quelle nation ils arrivaient. Je ne connais pas une seule relation de voyage qui ne dépeigne Chagres comme un lieu empesté, aussi horrible à voir qu'il est dangereux à habiter. On doit penser cependant que l'insalubrité de Chagres serait de beaucoup diminuée si l'on voulait dans ce but prendre quelque peine. Ce qu'il y aurait de mieux à faire probablement consisterait à déplacer la ville et à la transporter sur la rive gauche, à la pointe de Arenas. Ce site est beaucoup mieux aéré. On y aurait la brise dont présentement on est privé, parce que l'emplacement actuel est (p. 131) masqué par la colline sur laquelle est bâti le château. L'espace bas et humide qu'occupe aujourd'hui Chagres pourrait être consacré à agrandir le port. Mais si le véritable port auquel aboutirait le canal était transporté dans la baie de Limon, c'est là que s'élèverait aussitôt une ville nouvelle, et Chagres serait déserté.

Dans l'isthme de Panama, la population est clairsemée, et elle est généralement peu amie du travail. Au sujet du nombre des ouvriers qu'on pourrait rassembler avec le concours actif du gouvernement grenadin, des renseignements fort contradictoires ont été produits. La présomption est qu'il serait indispensable d'emmener d'Europe des maçons, des mineurs, des terrassiers même. Voulussent-ils travailler, les indigènes ne le savent pas. Ils n'ont jamais eu occasion de pratiquer ni même de voir de grands déblais ou de grands remblais, et à plus forte raison des excavations sous-marines.

D'un autre côté, il y a une responsabilité effrayante à enrôler des ouvriers européens afin de les conduire dans l'isthme. C'est, en effet, un climat dangereux pour qui n'y est pas né ou ne s'y est pas préparé, meurtrier pour qui s'expose à l'ardeur du soleil ou qui respire les miasmes des marécages et ceux qu'exhale toute terre fraîchement remuée. On aurait à abriter les travailleurs, à les camper, à pourvoir à leur bien-être; il faudrait leur tracer les règles dune bonne et sévère hygiène, et, ce qui est bien plus difficile, même en leur en fournissant tous (p. 132) les moyens, les leur faire observer malgré les tentations semées sur leurs pas. Pendant les six mois de la saison des pluies, de mai en octobre, tout travail à ciel ouvert serait forcément suspendu. Que ferait-on alors de cette multitude? Comment la garantir du mal du pays et de toutes les plaies que l'oisiveté engendre?

Ce ne sont point des impossibilités que je signale, ce sont des difficultés, de celles que des hommes capables, d'une volonté forte et d'un esprit éclairé, savent lever. Ce serait une prétention fort déplacée que d'esquisser ici, même sommairement, le programme de ce qu'il y aurait à faire pour s'assurer le concours d'une grande quantité de bras dans l'isthme, et pour empêcher que le canal des deux océans ne fût obtenu qu'au prix de milliers de victimes humaines. Cependant, il me semble, et je ne le dis que pour indiquer comment à mes yeux l'obstacle n'est point insurmontable, que des hommes disciplinés d'avance, dressés à la règle militaire, habitués à se suffire dans les cas imprévus, tels enfin que nos admirables soldats du génie, pourraient, transportés en corps sous la conduite de leurs braves et savants officiers, en qui ils ont toute confiance, entreprendre l'œuvre avec chance de succès, et aborder, sans crainte d'être terrassés par elle, la nature des régions équinoxiales, quelque rude jouteuse qu'elle soit, quelque séduction qu'elle sache employer pour énerver celui qui résiste à ses caresses perfides. C'est probablement à une détermination (p. 133) semblable qu'il faudrait en venir. Rien de plus simple, au surplus, si les gouvernements des deux grands peuples de l'Europe occidentale, qui sont les deux premières puissances maritimes du monde, jugeaient à propos de se concerter pour l'accomplissement d'un aussi beau dessein.

Enfin l'isthme de Panama n'offrirait point cette abondance de vivres de toute espèce, à vil prix, qu'on trouverait sur les bords du lac de Nicaragua. Il faudrait y faire venir des convois de subsistances de bonne qualité pour les campements de travailleurs.

Au-delà de la ligne tracée de Panama à Chagres, on rencontre la baie de Mandinga, où, comme nous l'avons dit, l'isthme est réduit à sa moindre épaisseur, et où, d'après M. Lloyd, se présenterait une vallée transversale de mer à mer, au fond de laquelle il serait possible de creuser un canal. Rien n'indique cependant qu'un nivellement exact y ait été opéré. C'est un pays qui reste encore à découvrir, car les Européens y ont à peine mis le pied. M. Wheelwright assure qu'il est peuplé d'Indiens qui n'ont jamais reconnu d'autre gouvernement que celui de leurs caciques. Lui-même lorsqu'il voulut, après avoir exploré la côte, pénétrer dans l'intérieur, n'en put obtenir la permission de ces chefs méfiants. C'était, il est vrai, en 1829; depuis lors si quelque autre observateur a été plus heureux, les détails de son examen n'ont point été livrés au public. On ignore même si de bons ports s'y offriraient (p. 134) en regard l'un de l'autre, aux extrémités d'une ligne de percement.

En-deçà de la ligne de Panama à Chagres, dans la province de Veragua, est une localité bien digne d'attention aussi. À la Boca del Toro, à 250 kilom. à l'ouest de Chagres, se présente sur l'Atlantique un magnifique mouillage où les navires de toute grandeur peuvent s'abriter en toute sûreté. Il touche à la spacieuse baie de Chiriqui. Sur l'autre versant de l'isthme, vis-à-vis de la Boca del Toro, une rivière navigable portant le même nom de Chiriqui, autant que les fleuves et les plus grands traits de la topographie ont des noms dans ces pays sauvages, se décharge dans l'Océan Pacifique, et au dire de M. Wheelwright, l'embouchure du Chiriqui forme un port *excellent*, c'est ce qu'il nomme le port de Chiriqui (ou Cherokee). En remontant cette rivière qui est naturellement praticable pour des bâtiments de cent tonneaux, on se trouve aussitôt en présence d'un terrain houiller, parfaitement caractérisé selon M. Wheelwright. Ce gîte carbonifère avait été reconnu par M. A. Salomon, qui paraît même s'en être rendu propriétaire au moins en partie. M. Wheelwright y a fait quelques recherches sommaires du côté de la ville de Saint-David de Chiriqui, située à 25 kilomètres environ de l'Océan Pacifique et à 65 au plus du port de la Boca del Toro. Ainsi l'isthme en cet endroit aurait au plus 90 kilomètres d'épaisseur. Essayé à bord d'un des navires à vapeur de la Compagnie (p. 135) de navigation de l'Océan Pacifique, le charbon extrait de l'affleurement d'une des veines s'est montré inférieur au charbon de New-Castle, dans le rapport de 13 à 18; mais il n'y a aucune conclusion à tirer d'essais faits sur du charbon d'affleurement. Un fait important est acquis, c'est l'existence du terrain carbonifère en cette partie de l'isthme. Le bassin houiller semble traverser l'isthme de part en part, car on trouve du charbon à l'embouchure du Chiriqui, et M. Wheelwright en a reçu des échantillons de la Boca del Toro. Voilà donc une localité doublement privilégiée: deux bons ports y sont placés en face l'un de l'autre sur les deux versants de l'isthme, et la ligne qui les joint traverse un gîte carbonifère. Si entre ces deux ports la ligne de faîte n'oppose aucun obstacle extraordinaire, il faut convenir qu'il y aurait par là un tracé du canal des deux océans éminemment propre à réunir tous les suffrages. Mais il y a peu lieu d'espérer qu'on trouverait un passage favorable dans les montagnes. Dans la province de Veragua, la chaîne forme un plateau élevé désigné sous le nom de la Mesa (*la Table*), il est très peu probable qu'au pied des cimes, dans le massif du plateau, la nature ait ménagé une fente profonde que pût suivre un grand canal. Dans tous les cas, la présence de mines de charbon en ce point est une bonne fortune dont on tirerait parti pour l'approvisionnement des dépôts à Panama, à Chagres et dans le voisinage.[Table des matières]

(p. 137) CHAPITRE IX.

CINQUIÈME PASSAGE. — ISTHME DE DARIEN.

Dépression qu'offre la vallée de l'Atrato. — Communication projetée à la fin du siècle dernier entre la vallée de l'Atrato et le port de Cupica par le Naipipi. — Elle est impossible. — Communication entre la vallée de l'Atrato et celle du San-Juan, par le vallon de la Raspadura; on n'en ferait jamais un canal des deux océans.

Nous avons encore à examiner un autre passage, celui de l'isthme de Darien, au sujet duquel un moment on s'était bercé des plus belles espérances. L'isthme de Darien présente certainement une dépression extraordinaire du sol. Sur son flanc méridional, les montagnes se dressant tout-à-coup, les Andes de l'Amérique du Sud apparaissent inopinément dans toute leur majesté et déploient leurs escarpements sans pareils. Dans le voisinage immédiat des abruptes Cordillères de (p. 138) Quindiù et du Choco, où le voyageur ne peut même plus se fier au pied pourtant si sûr des mules, et où l'homme qui n'a pas la force de grimper est réduit à se faire porter sur les épaules de l'homme; à côté de cimes couvertes de neiges au moins une grande partie de l'année, ce qui, sous l'équateur, suppose une hauteur extrême, on voit les montagnes s'effacer tout-à-coup, et une vallée transversale s'ouvrir d'océan à océan. Un beau fleuve, le Rio Atrato, qui coule droit du midi au nord pour venir se jeter dans le golfe de Darien, à peu près au milieu de l'espace compris entre Porto-Belo et Carthagène, et qui est navigable sur une grande étendue, passe fort près d'autres cours d'eau qui sont tributaires de l'autre Océan. L'un de ses affluents, le Naipipi, qui est navigable pour des canots, se rapproche beaucoup du port de Cupica, situé sur le Pacifique, entre le cap Corrientes et le golfe San Miguel. Il n'y a que cinq à six lieues (24 à 28 kilomètres) de Cupica à l'embarcadère du Naipipi, et on avait assuré à M. de Humboldt que cet intervalle était occupé par un espace tout-à-fait aplani. À la fin du siècle dernier, des projets avaient été présentés au gouvernement espagnol, afin de diriger par là le commerce entre les deux océans. Cupica devait devenir une nouvelle Suez. Mais un officier anglais, le capitaine Cochrane, qui descendit l'Atrato en 1824, donne des renseignements en contradiction avec ceux auxquels M. de Humboldt avait ajouté foi. Il en résulterait que (p. 139) l'établissement d'un canal entre l'Atrato et Cupica par la vallée du Naipipi est impossible[68]. Le trajet d'un océan à l'autre serait par là de 250 à 300 kilomètres.

Plus haut, près de Novità, l'Atrato est aisé à mettre en rapport avec le San-Juan, qui se jette dans l'Océan Pacifique, à Chirambarà, et qui est navigable. M. Cochrane, qui a visité les lieux avec soin (*particularly inspected*), dit-il, estime à 360 mètres environ la distance qui sépare le San-Juan, ou plutôt la Tamina, son tributaire, de la Raspadura, affluent de l'Atrato. Les deux cours d'eau, ainsi voisins, portent canot l'un et l'autre. Pour les faire communiquer, il faudrait une tranchée presque entièrement dans le roc, d'environ 20 mètres de profondeur[69]. Les deux océans seraient ainsi joints (p. 140) l'un à l'autre. D'après une note annexée au remarquable rapport qu'a présenté, le 2 mai 1839, M. Mercer à la chambre des représentants des États-Unis, aux deux extrémités de la ligne on aurait de bons ports. D'un côté, la principale des bouches de l'Atrato, appelée Barbacoa, est sur la baie même de Candelaria, qui offre un mouillage sûr et profond, agité seulement pendant les vents du Nord. De l'autre côté, dans la baie de Chirambirà, où se termine le cours du San-Juan, les navires sont de même fort bien abrités. Mais cette jonction des deux océans aurait 500 kilom., sans compter les détours des deux fleuves, et avec ces détours 650 à 700[70], sinon davantage. La seule inspection de chiffres pareils suffit pour trancher la question. Sans doute, à peu de frais, on établirait par là une communication praticable pour des barques légères pendant une partie de l'année; mais si l'on voulait une navigation permanente pour des navires de mer, ce serait un travail de titans, car il faudrait alors une ligne artificielle presque tout le long de cette énorme distance.[Table des matières]

(p. 141) CHAPITRE X.

CONCLUSION DES CINQ CHAPITRES PRÉCÉDENTS. — ÉTUDES À FAIRE.

Deux tracés se recommandent: l'un par Chagres et les environs de Panama, l'autre par le pays de Nicaragua.—Dépense à laquelle il faut s'attendre avec l'un et avec l'autre; elle serait considérable, mais non au-dessus des forces des gouvernements des trois premières puissances maritimes réunies.—Plan d'une étude générale à Panama, au lac de Nicaragua, à la baie de Mandinga, à la Boca del Toro.—Il faudrait un personnel nombreux d'ingénieurs et un plus nombreux d'agents subalternes.—Soldats du génie et matelots à la suite des ingénieurs.—Études médicales à joindre à celles des ingénieurs, afin d'être prêt, au cas où des ouvriers européens ou du nord de l'Amérique devraient être envoyés dans l'isthme.—Il conviendrait que la France se chargeât de ces études; le gouvernement en retirerait beaucoup d'honneur, et ce serait conforme à sa politique.

L'examen des cinq passages par lesquels il est naturel de chercher à joindre les deux océans, conduit (p. 142) à cette conclusion, que, sur beaucoup de points, il est possible d'opérer des jonctions d'utilité locale que les pouvoirs publics des différents États entre lesquels l'isthme est partagé ne sauraient trop encourager; mais les communications qui pourraient exercer de l'influence sur le commerce général du monde, et abréger la navigation entre l'extrémité orientale et l'extrémité occidentale du vieux continent, ou d'un revers à l'autre de l'Amérique, sont très peu nombreuses. À moins d'une découverte imprévue du côté de la baie de Mandinga ou d'une autre moins probable, à la Boca del Toro, deux seulement peuvent être proposées, celle du lac de Nicaragua et celle de Chagres à Panama, ou à la baie de Chorrera. Ces deux tracés se ressemblent par un côté. Avec l'un comme avec l'autre le canal des deux océans coûterait fort cher. Pour le canal de Chagres à Panama, on avait parlé d'une somme de 13 à 15 millions; c'est le décuple qu'il fallait dire, en tenant compte des travaux maritimes à effectuer à chacune des deux extrémités. M. Stephens a été beaucoup moins loin de la vérité quand il a évalué le canal de Nicaragua à 20 ou 25 millions de dollars (107 à 144 millions de francs). Du moment qu'on voudrait un canal praticable pour les grands trois-mâts du commerce ou pour les paquebots transatlantiques, il ne faudrait pas s'attendre à une dépense de moins de 150 millions de francs. Mais la jonction des deux grands océans vaut bien 150 millions, et 200, et plus encore. Après tout, pour (p. 143) les trois gouvernements de la France, de l'Angleterre et des États-Unis, associés dans cette intention, un déboursé pareil dans un espace de temps de cinq ou six années, n'aurait rien qui pût, je ne dirai pas les effrayer, mais les émouvoir. Cette élévation des frais de premier établissement est la seule similitude qu'il y ait entre les deux tracés. Par l'isthme de Panama proprement dit, la coupure est courte; par le lac de Nicaragua, elle est longue; à la vérité, la nature en a fait les frais sur une grande part. D'un côté, un climat salubre presque partout; un pays peuplé, là du moins où se déploierait la partie artificielle de la ligne, des vivres de toute espèce en abondance; de l'autre, une contrée meurtrière quant à présent, n'offrant ni bras pour le travail ni une subsistance assurée pour les travailleurs venus du dehors.

En ce moment, l'option entre ces deux tracés de Panama et de Nicaragua serait fort malaisée. Elle ne sera possible et ne pourra être bien motivée qu'après que des études sérieuses et complètes auront été faites. Un ingénieur en chef des mines envoyé par le gouvernement français, M. Napoléon Garella, est dans les environs de Panama accompagné d'un conducteur des ponts-et-chaussées, M. Courtines. C'est quelque chose, mais ce n'est pas assez, même pour ce seul passage. Il y a des études de navigation à faire à chaque extrémité de la ligne, je veux dire des projets à préparer pour l'amélioration des ports dans lesquels le canal (p. 144) déboucherait, afin de les rendre accessibles aux navires qu'amènerait le canal et parfaitement sûrs. Une exploration soignée du pays de Nicaragua est nécessaire. De même pour le pays situé derrière la baie de Mandinga. Entre la Boca del Toro et la rivière Chiriqui, il y a peu d'espoir de découvrir une direction qu'un canal des deux océans pût suivre; cependant la localité se recommande par trop de titres pour qu'on ne la fasse pas examiner; et, en tout cas, il est bon de se rendre compte du parti qu'on peut tirer des mines de charbon de Saint-David. En organisant ces diverses études, il serait bon de prévoir le cas où quelques uns des ingénieurs seraient atteints des maladies auxquelles est sujet quiconque, entre les tropiques, supporte la chaleur du jour; et, par conséquent, il serait opportun de les multiplier. Il conviendrait de les entourer d'un personnel nombreux d'agents subalternes, parce qu'ils ne trouveraient dans le pays personne qui fût familier avec le maniement des instruments les plus simples, et il serait avantageux de les affranchir de toute nécessité d'assistance. Chacun de ceux qui auraient à opérer sur la terre ferme devrait emmener avec lui vingt-cinq ou trente soldats du génie, robustes, éprouvés déjà par le séjour des colonies autant que possible. De même ceux qui auraient à étudier les mouillages devraient être suivis de matelots choisis. Les matelots et les soldats du génie sont industrieux, d'excellent secours, bons à toute chose. Cet entourage rendrait les plus grands services aux ingénieurs pen-[TN: texte manquant] (p. 145) leurs agents dans ces pays plus encore que dans d'autres.

Des médecins expérimentés devraient concourir à ces études, afin de rechercher les bases du régime le plus propre à conserver la vie des ouvriers européens, dans le cas où il serait reconnu nécessaire d'en envoyer. Nous avons vu que, par Chagres, selon toute apparence, ce serait indispensable.

Sans être animé d'un patriotisme outrecuidant, je crois pouvoir dire que les études préliminaires devraient être effectuées par la France plutôt que par toute autre grande puissance maritime et notamment l'Angleterre. La France ne donne aucun ombrage aux jeunes gouvernements de l'Amérique espagnole. On ne lui prête aucune pensée d'envahissement en ces contrées. À tort ou à raison, l'Angleterre y excite, au contraire, les appréhensions les plus vives, et il faut convenir que sa prise de possession de l'île de Roatan et les démarches de ses agents, à propos d'un soi-disant cacique des Mosquitos érigé en souverain prétendu indépendant, sont de nature à inspirer des alarmes aux États de l'Amérique Centrale et de la Nouvelle-Grenade. Des explorateurs envoyés par le gouvernement français seraient parfaitement accueillis dans le pays. Il n'en serait pas de même de commissaires britanniques.

Cette exploration, attentive, désintéressée, serait conforme aux aptitudes et aux penchants de notre nation, aux allures de notre politique généreuse, (p. 146) à nos tendances humanitaires, dont on peut se railler, mais qui n'en sont pas moins éminemment honorables et au surplus invincibles. Elle profiterait à un gouvernement qui cherche dans les œuvres de la paix son affermissement et sa gloire.[Table des matières]

(p. 147) CHAPITRE XI.

DU PERCEMENT DE L'ISTHME DE SUEZ.

L'isthme est nivelé; bassin des Lacs Amers qui est au-dessous de la mer Rouge; l'épaisseur de l'isthme est rigoureusement de 115 kilomètres. — Inégalité de niveau des deux mers. — Difficulté d'avoir un port sur la Méditerranée. — Le canal de l'isthme de Suez a existé. — *Canal des Rois* de Suez au Nil, du temps de l'antique Égypte. — Restauration du temps des Ptolémées et sous l'empereur Adrien. — Travaux des mahométans. — Projets du général en chef Bonaparte. — Études que fit alors M. le Père. — Une fois dans le Nil, il faudrait atteindre la Méditerranée; le seul port de ces parages est Alexandrie; coup d'œil d'Alexandre-le-Grand. — Il serait bien difficile de rejoindre Alexandrie depuis le débouché du canal de Suez au Nil. — Convenance d'un canal direct de Suez à la Méditerranée; autrement ce ne sera jamais une communication maritime; mais les sables que dépose la mer, en rendant difficile l'existence d'un port sur la Méditerranée à Péluse, y font obstacle. — Ce qu'était la traversée d'Europe aux Indes autrefois et ce qu'elle est aujourd'hui. — Abréviation que procurerait aux navires à voiles la coupure de l'isthme de Suez.

Il est un projet de canal auquel on ne peut s'empêcher de comparer celui de l'isthme américain. (p. 148) Je veux parler du percement de l'isthme de Suez. Ces deux isthmes sont associés dans tous les esprits; il n'est pas une intelligence pour qui Suez ne rime à Panama. Ce sont, en effet, les deux passages qui s'indiquent pour pénétrer d'Europe dans le grand Océan, l'un au levant, l'autre au couchant, en évitant un long circuit et des parages dangereux; jusqu'à un certain point, ils se font concurrence, et l'on est fondé à penser que, pour ses rapports avec les immenses régions que le grand Océan baigne, l'Europe a plus à attendre encore du percement de l'isthme de Suez que de celui de Panama. Il ne sera donc pas inopportun d'exposer ici sommairement la question de l'isthme égyptien.

L'isthme de Suez se présente au premier abord sous l'aspect le plus avantageux pour le creusement d'un canal. C'est un sol bas que les eaux n'ont encore qu'à demi abandonné. Il est impossible à l'observateur de ne pas demeurer convaincu qu'autrefois la mer passait par là, et que l'Afrique, complètement détachée de l'Asie, fut longtemps une île; car, lorsque de Suez on se dirige sur Thyneh, qui est à côté des ruines de Péluse, sur l'autre revers de l'isthme, baigné par la Méditerranée, on rencontre d'abord un bassin allongé, si creux que le fond en est à 16 mètres au-dessous de la basse mer à Suez: c'est celui des *Lacs Amers* de Pline, que les Arabes ont appelés la *Mer du Crocodile*. Il n'a pas moins de 40 kilomètres, et il se développe exactement dans la direction de Suez à Péluse: à (p. 149) peu de distance se montre, toujours dirigé de même, le lac Temsah; puis ce sont des lagunes qui communiquent enfin avec la vaste nappe du lac Menzaleh, limite occidentale de la plaine de Péluse. Ainsi, quand on traverse l'isthme de part en part, on a sans cesse à ses côtés, presque sans solution de continuité, des lagunes et des lacs, le tout épars sur des sables semblables à ceux de la mer, et jamais devant soi un pli de terrain. Le nivellement effectué par M. le Père, lors de l'expédition de Bonaparte en Égypte, a indiqué pour les points les plus élevés des hauteurs de 5 mètres, 6 mètres, 7 mètres et demi, et une seule fois de 10 mètres 62 centimètres au-dessus de la basse Méditerranée. Or, le Nil au Caire, pendant les crues, est au moins à 12 mètres au-dessus de cette même mer.

Par son rétrécissement, l'isthme semble non moins favorable à l'établissement d'un canal. Il n'y a que 120 kilomètres de Suez à la plage de Faramah, sur laquelle est Thyneh; et si l'on tient compte de ce que le flot s'étend sur un espace de 5 kilomètres au nord de Suez à la marée haute, le minimum de la distance qui constitue vraiment l'isthme est réduit à 115 kilomètres. Ce serait moins encore, si du côté de la Méditerranée on considérait comme une dépendance de la mer le lac Menzaleh, qui en effet communique avec elle.

L'inégalité de niveau d'une mer à l'autre, qui se présente déjà à l'isthme de Panama, se reproduit (p. 150) ici bien plus marquée. Les nivellements de M. le Père ont montré que la basse mer de vive eau[71] dans la mer Rouge à Suez est de 8 mètres 12 centimètres au-dessus de là basse Méditerranée à Thyneh. La marée de vive eau à Thyneh est de 35 centimètres seulement; à Suez, elle est de 1 mètre 89 centimètres: de sorte que la différence extrême entre les deux mers est de 9 mètres 90 centimètres.

De cette élévation relative de la mer Rouge et de la dépression générale du sol de l'isthme, il suit qu'un canal de la mer Rouge à la Méditerranée, même sur de belles dimensions, serait aisé à creuser et à approvisionner. Il s'alimenterait de la mer Rouge elle-même, dont, à marée haute, les eaux seraient recueillies dans les *Lacs Amers*, convertis en un réservoir. L'entretien et le curage exigeraient des soins à cause des sables mouvants du désert; mais on y subviendrait sans une peine extraordinaire. Le plus grand embarras serait de trouver un bon port pour déboucher dans la Méditerranée. En cela, le problème est plus difficile que du temps des anciens, parce que les navires modernes tirent plus d'eau que ceux des Phéniciens, des Grecs et des Romains, ou que les galères du moyen-âge, et que la côte s'atterrit sans cesse à l'est du Nil par l'effet des sables que charrient les courants, et (p. 151) par les troubles du fleuve lui-même qui viennent s'y déposer.

Le canal de l'isthme de Suez n'est pas seulement un projet; il a existé. L'histoire le dit, et les voyageurs en ont retrouvé les vestiges. Strabon semble l'attribuer au grand Sésostris; Hérodote et Diodore de Sicile en font honneur à Néchos, fils de Psammetique. Darius, roi de Perse, le fit continuer, et il paraît que ce fut lui qui l'acheva, quoiqu'on en ait revendiqué le mérite pour le deuxième des Ptolémées, qui probablement se borna à le restaurer. Mais ce canal ne coupait pas l'isthme précisément et ne mettait pas Suez en communication directe avec Péluse, soit que les rois d'Égypte eussent redouté l'encombrement du canal par les sables mobiles qu'on rencontre dans le désert, soit qu'ils n'eussent pas voulu déboucher dans la Méditerranée, qualifiée chez eux de mer orageuse, soit par suite de la politique d'isolement qu'ils avaient adoptée vis-à-vis des autres peuples, soit enfin qu'un canal tracé tout droit de Suez à Péluse leur eût paru une communication extra-égyptienne; et en effet elle se fût développée en dehors de l'Égypte proprement dite, et n'eût été directement d'aucun service aux populations de la vallée du Nil. Le *Canal des Rois*, c'était son nom, unissait Suez à la branche pélusiaque du Nil, presque comblée aujourd'hui; le point de jonction était à Bubaste, à une certaine distance au-dessous de l'emplacement actuel du Caire. Il avait de grands dimensions. Sa largeur était de 33 à 50 mètres; sa (p. 152) profondeur d'au moins 5 mètres; Pline dit le double. Il s'alimentait du Nil, qui, pendant les crues, est plus élevé non seulement que la mer Rouge, mais que tout le pays adjacent. De Bubaste sur la branche pélusiaque, il s'étendait droit à l'est dans une grande vallée qu'on appelle l'Ouady, se détournait ensuite vers le midi pour rejoindre la grande dépression occupée par les *Lacs A-mers*, d'où par une coupure de 22 kilomètres on gagnait le port de Suez. Sa longueur totale était d'environ 165 kilomètres.

Lors de la grande halte que fit, avant de redescendre, la civilisation antique parvenue au comble de sa majesté, à la faveur du calme dont jouissait l'empire romain au IIe siècle, le canal fut rétabli; le bras artificiel du Nil qui lui amena alors des eaux fut nommé le *fleuve Trajan* par l'empereur Adrien, en mémoire de son père adoptif.

Comblé de nouveau par les sables, dont l'action dévastatrice s'aidait de celle des Arabes nomades, intéressés à être, avec leurs chameaux, les rouliers du désert, le canal fut réparé encore une fois par les Sarrasins. Ce fut par la volonté d'Omar, le même qu'on dépeint si farouche, et auquel la déesse aux cent voix, en cela au surplus convaincue de mensonge, a attribué l'incendie de la bibliothèque d'Alexandrie. Amrou venait de conquérir l'Égypte; Omar lui ordonna de rétablir les communications entre la vallée du Nil et la mer Rouge, dans l'intérêt de la ville sainte de la Mecque. On modifia cependant le canal en changeant une fois de plus la prise (p. 153) d'eau, déjà déplacée par les Romains, et en la portant plus haut, au Caire, afin d'avoir plus de courant. Après les travaux d'Amrou, le canal porta le nom du *Prince des Croyants*. Il semblait être dans sa destinée que tous les conquérants de l'Égypte se proposassent d'y attacher leur nom.

Quand les Français, conduits par Bonaparte, furent les maîtres de l'Égypte, le général en chef voulut le rétablissement de cet antique ouvrage. Il y mettait tant de prix, qu'il en commença la reconnaissance en personne. Il alla jusqu'à Suez, parcourut les environs de cette ville et, dans cette excursion, il fut exposé aux plus grands périls. Sa présence d'esprit seule le sauva d'une mort pareille à celle du Pharaon acharné à la poursuite du peuple hébreu.

Les ordres du vainqueur des Pyramides furent ponctuellement exécutés par M. le Père, ingénieur des ponts-et-chaussées, et c'est de son important travail que j'extrais les renseignements qu'on va lire.

Le canal, tel que M. le Père l'a proposé, suivrait à peu près la ligne du *Canal des Rois*. Il aurait 153 kilomètres et demi, partagés en quatre *biefs*; les *Lacs Amers* en feraient partie intégrante. Il emprunterait ses eaux du Nil: pendant les crues qui donnent l'abondance, le niveau du Nil est à 4 mètres 74 centimètres au-dessus de la basse mer à Suez; mais à l'étiage, quand il est réduit à sa dernière limite, il est au contraire au-dessous de la mer Rouge de 4 mètres 62 centimètres: ainsi, dans la saison (p. 154) des hautes eaux seulement le canal serait praticable. Pendant quatre à cinq mois, chaque année, la navigation serait interrompue. Ce serait un inconvénient extrême. Nous ne sommes plus aux jours où l'on se contentait de communications intermittentes. Le temps est passé où, par exemple, les galions d'Espagne pouvaient n'aller à Porto-Belo que de trois en trois ans, sans que personne réclamât. En cela comme en mille autres choses, les hommes veulent aujourd'hui être en permanence les rois de la création.

Comment faire cependant pour avoir une navigation du Nil à Suez toute l'année? Il faudrait, vers le milieu du canal, un bassin plus spacieux que le lac Mœris et aux bords élevés, qui se remplirait pendant les crues, lorsque le fleuve serait à sa plus grande hauteur; le canal amènerait lui-même les eaux nourricières du fleuve à ce réservoir, qui les lui restituerait peu à peu en les faisant durer autant que possible. Ce réservoir devrait avoir une très grande contenance, ce qui ici ne se pourrait qu'avec une très grande superficie; ce serait un ouvrage sur l'échelle de ce que jadis les rois d'Égypte faisaient de plus colossal. Mais, à cause de la rapidité de l'évaporation dans ces chaudes contrées, sous l'influence des vents secs du désert, on perdrait une forte proportion de l'eau ainsi mise en réserve, et probablement le réservoir ne remplirait qu'imparfaitement sa destination. Pour la portion du canal attenante à la mer Rouge, on recourrait naturellement aux eaux de cette mer. Il y aurait lieu peut-être, (p. 155) pour le reste, de tenter de suppléer partiellement à la ressource d'un réservoir par des machines qui puiseraient de l'eau dans le Nil et l'élèveraient à la hauteur nécessaire; on a déjà recours à ce procédé sur plusieurs canaux. Avec la condition d'une navigation non interrompue pendant toute l'année, le canal du Nil à Suez devient, on le voit, fort difficile. Cependant qui pourrait dire que la civilisation moderne soit forcée de reculer devant des entreprises semblables à ce que, dans la limite de ses besoins, savait accomplir la civilisation antique? Si quelque part le progrès n'est pas un vain mot, c'est dans l'art des constructions hydrauliques.

Une fois parvenu de Suez au Nil, on ne serait encore qu'à moitié chemin de la Méditerranée. Le fleuve, il est vrai, descend à cette mer; malheureusement dans les basses eaux il ne laisse plus passer que de petites barques, et ses deux bras principaux, celui de Rosette et celui de Damiette, débouchent par des passes étroites et périlleuses où ne pourrait se hasarder aucun navire d'un tirant d'eau même médiocre[72]. Ce fut ce qui donna naissance à Alexandrie. Alexandre, qui était non seulement un grand capitaine, mais aussi un (p. 156) grand esprit et un grand roi, conçut le dessein de nouer des rapports réguliers entre la Grèce et les Indes. Deux lignes s'offraient à lui, celle du golfe Persique et celle du golfe Arabique ou mer Rouge. Il ne choisit pas: il les prit toutes deux. Son ambition était infinie; mais ses facultés étaient prodigieuses: son pouvoir sur les hommes et sur la nature n'avait pas de bornes. Il n'y avait que lui-même à qui il ne sût pas toujours commander. Pour développer le commerce entre l'Orient et l'Occident (la Grèce était l'Occident alors), il fonda Alexandrie en un point du désert où se trouvait, par exception, un bon port. Ce fut une des conceptions les plus intelligentes et les plus hardies de cette tête audacieuse et capable, une des plus heureuses entreprises de cet homme auquel tout réussit.

Les navires venant de Suez par le canal devraient se diriger sur Alexandrie, parce que c'est le seul point de tout le rivage de l'Égypte par lequel un bâtiment d'un tonnage un peu fort, venant de l'intérieur, puisse entrer dans la Méditerranée. Comment atteindre ce port, comment s'en rapprocher même, pendant la longue saison où le Nil n'est plus accessible qu'à de petites barques? À cet effet, de vastes travaux seraient indispensables. Il faudrait, 1º améliorer la navigation du fleuve dans son lit, à partir du débouché du canal de Suez, en y relevant le niveau de l'eau par des barrages de retenue, ou bien creuser un canal latéral; 2º unir Alexandrie au Nil par un canal. Cette dernière partie de l'œuvre (p. 157) est accomplie, mais fort imparfaitement, par le canal Mahmoudiéh construit ou plutôt restauré par le vice-roi Méhémet-Ali. Le Mahmoudiéh a 80 kilomètres[73]. La portion du fleuve à améliorer par des barrages ou à remplacer par un canal latéral serait d'environ 180 kilomètres; il y aurait donc une étendue totale de 260 kilomètres, sur laquelle d'importants travaux seraient indispensables. Avec le canal de Suez au Nil, la distance totale entre Suez et Alexandrie s'élèverait à 413 kilomètres environ. C'est bien long pour une ligne partout plus ou moins artificielle, et ce serait bien cher.

Aussi y a-t-il lieu de se demander si un canal direct de Suez à la Méditerranée ne serait pas préférable. Le trajet en ligne droite est d'un peu plus de 100 kilomètres. La ligne qu'a suivie M. le Père aurait environ 150 kilomètres; mais les *Lacs Amers* y sont compris pour 40 kilomètres, et ces lacs offrent toute la profondeur désirable. Sur presque toute la distance, le lit du canal semble avoir été préparé par la nature. «Nous croyons, dit M. le Père, qu'il n'y aurait (depuis Suez) que quelques parties de digues à construire jusqu'au Ras-el-Moyeh (c'est-à-dire sur la majeure partie du parcours). Le désert s'élevant de toutes parts (p. 158) au-dessus de ce bas-fond, la navigation pourrait y être constante, et il serait facile d'y entretenir une profondeur plus considérable que sur le canal de Suez au Caire.» S'il était possible de créer un port auprès de l'ancienne Péluse, ce parti serait assurément le meilleur. Là gît la principale difficulté de la jonction directe des deux mers par l'isthme de Suez.

M. le Père pensait que, ce port une fois creusé sur le bord de la Méditerranée, on pourrait y opérer ce qu'on nomme des *chasses*, à l'aide des eaux de l'autre mer, qu'on amasserait dans des bassins spacieux dont les *Lacs Amers* tiendraient lieu, et qu'on lâcherait ensuite de manière à nettoyer le chenal et à entraîner les sables que les courants auraient pu amener dans le port. Mais ces chasses n'auraient d'effet qu'autant qu'on aurait uni le canal au Nil, afin d'y jeter pendant les crues les eaux du fleuve. Le niveau du Nil étant fort élevé alors, les chasses auraient un courant d'une grande vivacité. L'illustre Prony, qui a rendu compte officiellement du travail de le Père, ne considérait pas la conservation du port comme impossible moyennant cette dernière précaution. C'est donc à examiner.

Il n'y a pas d'autre moyen de percer l'isthme de Suez, dans l'intérêt du commerce général du monde, que de pratiquer un canal direct de Suez à la Méditerranée. Clot-Bey a eu raison de le dire dans sa description raisonnée de l'Égypte actuelle, les données du problème exigent *impérieusement*(p. 159) que le canal de jonction des deux mers soit dirigé de Suez à Péluze.

Jusqu'à ce que cet ouvrage soit accompli, et abstraction faite des effets que pourrait avoir le percement de l'isthme de Panama, les marchandises iront d'Europe aux Grandes-Indes et en Chine sur des navires doublant le cap de Bonne-Espérance. Suez ne sera un point de passage que pour les voyageurs et les dépêches qui franchiront chacune des deux mers sur les ailes de la vapeur. En ce moment on a quelquefois des nouvelles de Bombay à Paris en trente et un jours, malgré le temps perdu pour prendre du charbon à Aden et pour traverser l'isthme. Trente et un jours! et les anciens en mettaient quarante pour parcourir la mer Rouge seule. Des améliorations nouvelles se préparent; l'agent anglais qui a organisé ce service pour le compte de l'Angleterre, M. Waghorn, espère réduire le trajet à vingt-sept jours de Bombay à Londres. En 1774, les Anglais, pour la première fois, commencèrent à se servir de l'isthme de Suez pour le transport des dépêches des Indes. On put alors avoir des lettres de quatre-vingt-dix jours de date, et quand c'était de quatre-vingts jours on criait au miracle.

M. le Père, comparant la navigation de l'Inde par le cap de Bonne-Espérance à celle par la Méditerranée, l'Égypte et la mer Rouge, a trouvé que la différence de trajet serait de 26,100 kilomètres à 13,300, ou de près de moitié. Il estimait que, si l'on coupait l'isthme de part en part de Suez à (p. 160) Thyneh, la traversée pourrait être réduite de cinq mois à trois. L'art de la navigation s'est perfectionné depuis lors; mais dans les deux directions, par l'isthme et par le Cap, le voyage en serait également abrégé[74], et le rapport des durées des traversées resterait le même.

L'Égypte a maintenant pour souverain un prince qui a déployé un grand zèle pour les travaux publics. Le détail des ouvrages de canalisation qu'il a exécutés, et dont Clot-Bey a donné le relevé, est surprenant. Et pourtant alors Méhémet-Ali avait la charge d'un état militaire énorme sur terre et sur mer. Depuis quatre ans, un grand changement s'est opéré dans sa situation. D'une part, il a acquis plus de sécurité, puisque la possession de l'Égypte a été déclarée héréditaire dans sa famille sous la garantie des grandes puissances. D'autre part, il a dû réduire les forces militaires qui absorbaient la majeure partie de ses ressources, et renoncer à des projets dispendieux de conquête. Il reste donc avec toute la puissance de ses revenus, avec des employés, européens ou indigènes, de plus en plus intelligents, de plus en plus exercés, avec des populations soumises et bien ployées au travail, et il ressent toujours le stimulant d'une ambition que l'âge n'a pu amortir, et qu'une haute capacité rend légitime. Au lieu de la domination qu'il poursuivait naguère sur les provinces (p. 161) de la Syrie et de l'Asie-Mineure, il serait digne de lui d'appliquer l'énergie de sa volonté et l'étendue de son pouvoir à la pacifique entreprise du percement de l'isthme de Suez par un canal maritime. Ce ne serait qu'un jeu pour un homme accoutumé, ainsi qu'il l'est, à faire de grandes choses, et matériellement, eu égard au peu que lui coûte la main-d'œuvre, le canal, par les péages qu'il produirait, lui serait une bonne opération financière. Ce travail donnerait définitivement à l'Égypte l'importance dont le pressentiment a dirigé vers elle tour à tour les plus grands conquérants de l'antiquité, des temps modernes, de tous les âges, et détourna de ses profondes méditations l'un des plus puissants penseurs que la civilisation ait connus, Leibnitz, pour le faire descendre dans les régions de la politique pratique et lui inspirer un mémoire au roi Louis XIV. Que le but de Méhémet-Ali soit de donner la mesure de ses forces à ceux qui s'étaient flattés de l'abaisser, ou de laisser de lui un monument impérissable qui fasse vivre à jamais son nom dans la reconnaissance des peuples civilisés, ou de marquer par un signe éclatant le point de départ d'une dynastie digne de se perpétuer, il n'a rien d'aussi bien à faire. Il serait remarquable qu'un prince appartenant à une race parmi nous réputée barbare, donnât aux gouvernements des grands États de l'Europe l'exemple le plus éclatant des manifestations qu'aujourd'hui les hommes attendent des pouvoirs de la terre.[Table des matières]

(p. 163) CHAPITRE XII.

COMMENT POURRAIT ÊTRE EXÉCUTÉ LE CANAL DE L'ISTHME DE PANAMA.

Bonnes dispositions du gouvernement de la Nouvelle-Grenade. — Immunités à attendre de lui. — Excellents sentiments manifestés à l'origine par le gouvernement fédéral de l'Amérique Centrale. — Triste situation de ce pays aujourd'hui; cependant les États de Nicaragua et de Costa-Rica que traverserait le canal de Nicaragua sont tranquilles et offrent des garanties. — Une compagnie ne pourrait exécuter le canal, quel que soit celui des deux tracés qu'on adopte. — Bénéfices à attendre d'un péage; nombre de navires qui se rendent dans le Grand-Océan par le cap Horn ou par le cap de Bonne-Espérance. — Il n'y aurait que les gouvernements de la France et de l'Angleterre qui pussent creuser le canal; il conviendrait qu'ils s'associassent dans ce but avec celui des États-Unis.

Des deux tracés qui se recommandent en ce moment pour le percement de l'isthme de Panama par un canal maritime, l'un traverse le sol de la Nouvelle-Grenade, (p. 164) l'autre est situé dans l'Amérique Centrale.

On trouverait le gouvernement de la Nouvelle-Grenade animé des dispositions les meilleures, pourvu qu'il ne vît aucun péril pour ses droits de souveraineté, dont il est justement jaloux. C'est un gouvernement éclairé: il sent quel prix l'ouverture du canal de Panama donnerait à une grande portion du territoire de la république; il n'a cessé d'appeler l'industrie européenne à s'en charger; il a accueilli à bras ouverts tous les prétendants qui se sont présentés, en mettant à leurs pieds, on peut le dire, les conditions les plus brillantes. Tour à tour le baron Thierry, qui se présentait pour son propre compte, et M. Charles Biddle, des États-Unis, envoyé par le cabinet de Washington, sur le vœu exprimé par le sénat de l'Union en faveur du creusement d'un canal maritime dans l'isthme, ont été l'objet de ses prévenances empressées. Il n'est bonne disposition qu'il n'ait témoignée ensuite à la Compagnie franco-grenadine, quoique, à l'instigation d'agents étrangers, les fonctionnaires locaux n'aient pas été bienveillants pour elle. Un jeune Français plein de courage, déjà nommé plus haut, M. Léon Leconte, qu'un noble sentiment a déterminé à faire plusieurs voyages dans l'isthme, à l'effet de rechercher le meilleur tracé du canal des deux océans et de placer cette entreprise sous le patronage de son pays, se plaît à rendre bon témoignage de la sollicitude dont il a vu animés à cet égard les (p. 165) chefs de la république et, en particulier, le président, avec lequel il s'en est entretenu.

Tout récemment, désespérant de l'industrie privée livrée à elle-même, le gouvernement grenadin a officiellement adressé aux grandes puissances maritimes un avis ainsi conçu:

«Le gouvernement de la Nouvelle-Grenade, désirant procurer au commerce des nations les avantages que doit produire une voie de communication entre l'Océan Atlantique et la mer Pacifique à travers l'isthme de Panama, a résolu d'engager les gouvernements des principales nations maritimes à conclure un traité, à l'effet de réaliser cette grande entreprise, soit que les gouvernements prissent pour leur compte l'exécution de cette œuvre, soit qu'ils garantissent la neutralité de la voie de communication entre les deux mers et l'accomplissement des conditions stipulées pour l'exécution. En conséquence, le gouvernement a envoyé des pleins pouvoirs au chargé d'affaires de la république près le gouvernement de Sa Majesté Britannique pour traiter avec les plénipotentiaires qui seraient nommés à cet effet par les gouvernements mentionnés[75].»

Quiconque voudra se charger de l'entreprise aura tout ce que le gouvernement grenadin peut (p. 166) accorder: les terrains, les matériaux qu'offre le voisinage, un tarif de péages suffisamment élevé, des facilités d'entrepôt. La Nouvelle-Grenade entend seulement rester maîtresse chez elle, et veut que le passage soit neutre, c'est-à-dire ouvert à tous les pavillons qui seraient ses amis, sans qu'aucune puissance ait la faculté de le fermer à ses propres ennemis ou à ses rivaux.

Dans l'Amérique Centrale de même, aussitôt après l'indépendance, le gouvernement fédéral se montra jaloux de favoriser l'ouverture de l'isthme par le lac de Nicaragua. Il fit un appel, dès 1825, aux capitalistes étrangers. En 1826, il donna une concession à M. Palmer de New-York; la même année, il transféra provisoirement le privilége à une compagnie hollandaise, représentée par le général Verveer, dont le premier intéressé était le roi des Pays-Bas, l'industrieux Guillaume de Nassau, et avec laquelle les négociations se continuèrent pendant les années suivantes. On en était au dernier terme quand la révolution belge éclata. Le roi Guillaume alors fut contraint d'abandonner ses projets sur le fleuve San-Juan de Nicaragua et ses arrangements avec l'Amérique Centrale pour concentrer son attention et ses efforts sur les bouches de l'Escaut et pour s'entendre avec la Conférence de Londres.

Tout homme, qui a dans le cœur l'amour du genre humain et dont l'esprit a du penchant pour les idées grandes, lira avec un vif attrait les documents émanés (p. 167) des gouvernements de la Colombie et de l'Amérique Centrale. On y voit l'empreinte profonde du désir de servir les intérêts généraux du genre humain, de favoriser la cause de la liberté et de la paix. Ainsi, dans le décret du congrès national de l'Amérique Centrale, qui stipulait en détail les clauses de la concession à la compagnie hollandaise, un article interdisait l'usage du canal aux navires de toute nation en guerre avec qui que ce fût, toutes les fois qu'ils porteraient des munitions. Un autre repoussait les bâtiments négriers. Toutes les réserves imaginables en faveur de la neutralité et de l'usage commun à tous les pavillons étaient expressément formulées. Nous ne parlons pas des offres de terrain et de matériaux faites à la compagnie, ni du tarif, ni des garanties qui lui étaient accordées. On lui donnait une hypothèque sur toutes les terres de l'État, et particulièrement sur celles qui bordent les lacs de Nicaragua et de Leon, leurs îles et la rivière Tipitapa, sur la largeur d'une lieue. Les matériaux, outils et effets à l'usage des travailleurs étaient affranchis de tout droit de douanes. On concédait à la compagnie un privilége pour la coupe des bois précieux que produit l'Amérique Centrale, à l'un des débouchés du canal, ou sur un point quelconque du littoral ou dans quelques unes des îles dépendant de la république, sur une vaste étendue. On lui promettait tous les efforts possibles pour lui procurer des ouvriers du pays. La construction d'une ville commercialement (p. 168) libre et investie de nombreuses prérogatives était ordonnée sur les bords du canal ou à l'une de ses extrémités. Les employés de la compagnie étaient qualifiés d'*hôtes de la nation*, et à ce titre devaient jouir de plusieurs immunités. Le décret offrait aussi l'empreinte de la vieille courtoisie castillane: un monument en l'honneur du roi Guillaume devait être élevé avec des inscriptions commémoratives, pour attester à la postérité la reconnaissance de la République envers un prince qui lui donnait un gage aussi éclatant de son amitié.

Depuis lors l'Amérique Centrale a éprouvé de grandes infortunes. La confédération a été rompue violemment, et les États les plus importants de ceux qui la composaient ont cessé d'être animés de l'esprit de l'Europe. À la suite d'une horrible guerre civile, l'État de Guatimala a subi le joug d'un forcené. En armant ou en soutenant le condottiere Carrera pour écarter et finalement exécuter le général Morazan, digne représentant des idées européennes, les classes qui possédaient sous le régime colonial le plus d'influence se sont donné un maître sanguinaire à elles-mêmes et au pays. Des ténèbres semblables à celles qui couvrirent les ci-devant provinces de l'Empire romain après l'invasion des Barbares, s'appesantissent sur ces belles contrées qu'on aurait crue si bien faites pour une domination meilleure. Heureusement, pourtant, les États de Nicaragua et de Costa-Rica, que traverserait le canal (p. 169) des deux océans, sont exempts de cette servitude brutale, et on aurait de leur part toutes les facilités désirables. J'ai dit déjà qu'une intervention de la France dans les affaires du canal serait par eux vue de très bon œil, et que dans l'assistance évidemment désintéressée de notre patrie ils seraient heureux d'apercevoir la promesse d'un patronage dont ils sentent le besoin envers d'autres que le sauvage Carrera.

Quant à la question de savoir si une compagnie pourrait accomplir l'œuvre par ses seules ressources, on ne pourrait la résoudre que moyennant une connaissance exacte du chiffre de la dépense, et l'on n'en a même pas une idée approximative. Seulement, on peut tenir pour certain que ce chiffre serait très élevé. Le nombre et le tonnage des navires qui entrent dans le Grand-Océan ou qui en sortent, tant par le cap de Bonne-Espérance que par le cap Horn, sont déjà considérables, et ils vont toujours croissant. D'après les *Documents sur le commerce extérieur* que publie le ministère du commerce, en ne comptant que les quatre principales puissances commerciales: l'Angleterre, la France, les États-Unis et les Pays-Bas, le mouvement a été, entrée et sortie réunies, en 1839, de 2,453 navires et de 983,890 tonneaux; en 1840, de 2,532 navires et de 1,000,995 tonneaux; en 1841, de 2,966 navires et de 1,203,762 tonneaux. Le rétablissement des relations commerciales avec la Chine et les engagements contractés par le Céleste (p. 170) Empire envers le commerce européen font présager pour ces chiffres un accroissement rapide. À 10 fr. de péage par tonneau, pour le parcours entier du canal, en supposant que le canal de l'isthme eût les deux tiers du tonnage, total que nous bornerons à 1,200,000 tonneaux, la recette brute serait de 8 millions, et, sauf accidents, il resterait 6 à 7 millions de produit net. Le chiffre de 10 fr. par tonneau n'est pas excessif, quand on tient compte du temps qu'on épargnerait, des mauvaises mers qu'on éviterait, et de l'élévation des primes d'assurance perçues aujourd'hui sur tout ce qui double le cap Horn. Cependant si les frais d'établissement, y compris les travaux maritimes, allaient à 150 ou 200 millions, et il faut se tenir prêt à des dépenses de cet ordre, il n'y aurait pour des actionnaires qu'un intérêt insuffisant. D'ailleurs en des affaires pareilles, il y a tant d'éléments problématiques ou incertains, tant de causes de mécompte, que des capitalistes se décideraient difficilement à y aventurer leurs fonds, le profit net parût-il devoir être beaucoup plus fort, à moins que de puissants gouvernements, tels que ceux de la France et de l'Angleterre, ne leur apportassent leur garantie et leur concours.

Du reste, on ne voit pas pourquoi les gouvernements de ces deux grands pays ne s'accorderaient pas entre eux et avec celui des États-Unis en faveur de cette opération, pour l'accomplir eux-mêmes après qu'elle aura été soigneusement étudiée. L'Europe, (p. 171) ou, pour mieux dire, la race européenne, car c'est elle qui peuple aussi le nouveau continent, est livrée à un mouvement d'expansion en vertu duquel la planète tout entière semble devoir être bientôt rangée sous sa loi. Elle veut être la souveraine du monde; mais elle entend l'être avec magnanimité, afin d'élever les autres hommes au niveau de ses propres enfants. Rien de plus naturel que de renverser les barrières qui l'arrêtent dans son élan dominateur, dans ses plans de civilisation tutélaire. Qu'y aurait-il d'étrange à ce que les deux nations les plus puissantes et les plus avancées de l'Europe se concertassent entre elles et avec celui des peuples de l'Amérique qui est le premier par le nombre, par la richesse, par l'esprit d'entreprise et par l'extension de sa navigation, afin d'abattre la muraille qui barre le chemin du Grand-Océan et de ses rivages infinis? Le moyen de faire aimer la paix et d'en perpétuer le règne, c'est de la montrer non seulement féconde, mais pleine de majesté et même d'audace. Il faut qu'elle possède le don d'étonner les hommes, de les passionner s'il se peut, en même temps que celui de les enrichir. Malheur à elle, ou plutôt malheur à nous-mêmes, si elle paraissait condamnée à être froidement égoïste dans ses sentiments, mesquine dans ses conceptions, pusillanime dans ses entreprises! De ce point de vue, le projet de couper l'isthme de Panama se recommande hautement; et cette œuvre ne servît-elle qu'à établir, par la communauté d'efforts, un lien de plus entre la (p. 172) France et l'Angleterre, lors même qu'il devrait en coûter à notre trésor 50 millions ou même 100, convenons qu'on a souvent plus mal dépensé l'argent des contribuables.

J'insiste ici sur la convenance et la nécessité de faire concourir les États-Unis à cette œuvre par beaucoup de motifs. D'abord c'est incontestablement de tous les peuples de l'Amérique celui qui pèse le plus, dont les progrès sont le plus éclatants, qui a le plus le goût et l'intelligence des grands travaux d'utilité publique. Ce sont les plus hardis des navigateurs, les plus alertes des commerçants. Leur pavillon est un de ceux qu'on rencontre le plus dans le Grand-Océan, et ils n'y ont accès que par l'isthme de Panama, tandis que l'Europe a la faculté de s'y présenter par les deux isthmes. Ils sont donc intéressés plus que qui que ce soit au percement de l'isthme de Panama, et ils seraient empressés d'y contribuer matériellement autant que leur situation financière et la constitution fédérale le permettrait. Depuis longtemps le gouvernement des États-Unis a les yeux fixés sur l'isthme de Panama, et les citoyens n'ont pas cessé de l'exciter à s'en occuper. C'est même à lui que le gouvernement de l'Amérique Centrale s'adressa, à l'origine, pour le convier à intervenir. M. Clay, lorsqu'il était secrétaire d'État, sous la présidence de M. Adams, en 1825, y avait donné une attention particulière.

Le choix de la ville de Panama pour le siége du congrès, auquel toutes les républiques nouvellement (p. 173) écloses à cette époque avaient été convoquées pour consacrer leur fraternité entre elles et avec les États-Unis, montre ce qu'a été pour l'Amérique tout entière, dès les premiers jours de son émancipation, le percement de l'isthme. C'est une œuvre qui importe au Nouveau-Monde en masse. Au milieu de tous ces États, l'Union de l'Amérique du Nord étant comme l'aînée de la famille, tenter de creuser le canal des deux océans sans le concours des États-Unis, sans s'être entendu avec eux, équivaudrait presque à l'entreprendre sans la permission de l'Amérique. Or, l'Amérique est libre aujourd'hui; elle a rompu les lisières par lesquelles elle tenait à l'Europe, et l'on ne pourrait ainsi traiter d'elle, chez elle et sans elle, sans y soulever dans les cœurs les mêmes sentiments de haine énergique et implacable que provoquerait une atteinte audacieuse à son indépendance même. Si l'on trouvait cette assertion exagérée, et qu'on prétendît que la Nouvelle-Grenade ou les États de Nicaragua et de Costa-Rica, en vertu de leur souveraineté, sont les maîtres de concéder le canal de jonction des deux océans à qui leur plaît, et, par exemple, à la France et à l'Angleterre, nous remontrerions que depuis vingt années l'Angleterre, la France, les États-Unis et la Hollande travaillent à se supplanter les uns les autres pour avoir le patronage de cette œuvre, que tous ces efforts opposés se paralysent et que le canal est toujours à commencer. Qu'est-il donc besoin de rappeler que, seule, l'union fait la force? Du jour (p. 174) où les deux premières puissances maritimes de l'Europe et du monde, et la nation prépondérante du nouveau continent s'accorderont à vouloir que l'isthme de Panama soit tranché, elles seront écoutées, et l'isthme s'abaissera devant leurs pavillons réunis. Ainsi que nous le disions pour la France et l'Angleterre il n'y a qu'un instant, ce concert serait une garantie de plus acquise à la paix du monde, et l'on ne saurait trop multiplier les gages en faveur de cette sainte cause.

(p. 177) TABLE DES MATIÈRES.

CHAPITRE PREMIER.

Forme générale de l'isthme de Panama.

Sa grande longueur.—Sur cette longueur, cinq localités où l'on peut rechercher un passage: 1º isthme de Tehuantepec; 2º à l'est de la baie de Honduras; 3º lac de Nicaragua; 4º isthme de Panama proprement dit: minimum d'épaisseur de l'isthme à la baie de Mandinga; ligne de la Boca del Toro à l'embouchure du Chiriqui; 5º isthme de Darien.—Obstacle qu'oppose dans toute l'Amérique au passage d'un océan à l'autre la chaîne les Andes; immense étendue de cette chaîne.—L'isthme est montagneux; mais la chaîne s'y abaisse précisément aux cinq endroits ci-dessus. 1

CHAPITRE II.

Recherche d'un passage entre l'Océan Atlantique et l'Océan Pacifique, depuis la découverte du Nouveau-Monde.

Objet du voyage de Colomb.—Découverte de l'Océan Pacifique par Vasco Nuñez de Balboa, le 25 septembre 1513—Héroïsme de Balboa; sa persécution par Pedrarias Davila.—Caractère de Fonseca.—Tentatives successives pour passer d'un océan à l'autre.—Emulation entre l'Espagne et le Portugal.—Vasco de Gama.—Le *Secret du Détroit*.—Expédition partie de San Lucar en 1508, sous Vicente Yañez Pinzon et Juan Diaz de Solis.—Second voyage de Juan Dias de Solis.—Expéditions des frères Cortereal pour le compte du Portugal.—Voyage de Magellan en 1520.—Découverte du cap Horn par les Hollandais Lemaire et Schouten en 1616.—Efforts de Fernand Cortez pour découvrir le *Secret du Détroit*; ses questions à Montezuma.—Navigateurs anglais à la fin du XVIe et au commencement du XVIIe siècle: Davis, Hudson, Baffin.—Au XVIIIe siècle, le Suédois Behring voyage pour le compte de la Russie.—Troisième voyage de Cook.—Projet de M. de Chateaubriand. Navigateurs anglais au XIXe siècle.—Grandeur de l'Espagne au XVIe siècle.—Canaux projetés d'après Gamara en 1551 à Tehuantepec, au lac de Nicaragua et à l'isthme de Panama, proprement dit; Philippe II arrête l'essor de l'Espagne.—Efforts de Cortez; communication grossière qu'il établit dans l'isthme de Tehuantepec; on l'améliore un peu à la fin du XVIIIe siècle; prix exorbitant du transport.—Communication par Panama, (p. 178) fort imparfaite.—Tort que se faisait l'Espagne en négligeant ainsi des voies de transport aussi importantes; elle justifiait d'avance sa dépossession future. 11

CHAPITRE III.

Nature et proportions de la communication à établir.

Objet de la communication à ouvrir.—Services à attendre du percement de l'isthme pour l'Europe.—Les voyages qu'on abrégerait sont ceux qui ont lieu par le cap Horn; énumération des contrées où l'on se rend d'Europe par cette voie.—Pour la Chine et le Japon, eu égard à la régularité des vents, aux courants et à la beauté de la mer, il y aurait, malgré un plus long trajet, économie de temps et accroissement de sécurité à l'aller, mais non au retour.—Avantages de l'Océan *Pacifique*.—Le percement de l'isthme profiterait plus encore aux États-Unis.—Bons effets à en espérer pour le versant occidental de l'Amérique, plus retardé que celui qui regarde l'Europe. — La communication devrait s'effectuer au moyen d'un canal; ce canal devrait être praticable pour les grands bâtiments du commerce et pour les navires à vapeur de l'ordre des paquebots transatlantiques. — Un canal sur une échelle moindre serait d'utilité locale et ne profiterait à l'Europe qu'indirectement. — Des dimensions à donner au canal. — Exemples du canal Calédonien et du canal hollandais du Nord, qui sont des canaux maritimes. — Dimensions des canaux ordinaires en France, en Angleterre, aux États-Unis. — Ce qu'ont coûté les canaux Calédonien et du Nord, et les canaux ordinaires français, anglais et américains. — Prix d'une grande écluse à Brest. — Nécessité pour un canal maritime de déboucher au mouillage même des navires; à Panama cette condition ne se remplirait pas très aisément. — Conditions de salubrité; on y satisferait par le creusement même du canal. 35

CHAPITRE IV.

Des difficultés que les ingénieurs sont accoutumés à franchir en creusant des canaux.

Différences entre un canal et une rivière: un canal consomme beaucoup moins d'eau; le canal du Midi comparé à la Seine. — Ce qu'on nomme un *bief*. — En quoi consiste une *écluse*, ou appareil en maçonnerie pour passer d'un bief à l'autre. — Ce qu'on appelle la *pente rachetée* par un canal, ou la *chute rachetée* par une écluse; *contrepente*. — La difficulté d'un canal dépend principalement de la longueur du canal et de la somme des pentes et contre-pentes. — Exemples des longueurs ainsi que des pentes et contre-pentes de canaux français, américains ou anglais; — Conversion de ces canaux, qui sont à dimensions ordinaires, en canaux pareils au canal Calédonien ou au canal hollandais du Nord. — De l'approvisionnement (p. 179) d'eau des canaux. — Les régions des tropiques, surtout dans l'isthme, semblent devoir offrir sous ce rapport plus de facilités que nos pays tempérés de l'Europe. 51

CHAPITRE V.

**Première localité indiquée pour le percement de l'isthme. —
Isthme de Tehuantepec et du Guasacoalco.**

Dépression qu'y éprouve le plateau mexicain. — Port qu'offre l'embouchure du Guasacoalco. — Essais de Cortez. — Projets de canal après lui. — La découverte, au château de Saint-Jean d'Ulua, de canons venus de Manille, réveille ces projets en 1771. — Exploration du terrain par deux ingénieurs, et leurs conclusions favorables. — Plan du vice-roi Revillagigedo. Le canal de l'isthme de Tehuantepec est voté par les cortès espagnoles en 1814. — Études du général Orbegoso en 1825; ses conclusions sont moins favorables; difficulté d'alimenter un canal sur le versant de l'Océan Pacifique. — Mauvais port à Tehuantepec. — Le général Orbegoso se réduit à une route entre l'Océan Pacifique et le Guasacoalco. — Sol fertile qu'on traverserait; projet de colonisation qu'on pourrait reprendre avec avantage. — Concession récente à don José Garay. — Projet de ce concessionnaire. 59

CHAPITRE VI.

Second passage. — Isthme de Honduras.

Hautes montagnes qui bordent la baie de Honduras; plateau élevé en arrière des montagnes; délicieuse situation de la ville de Guatimala; dangers que lui font courir les volcans. — Les montagnes s'abaissent sur le bord méridional de la baie. — Trouée que fait le Golfe Dolce; cette trouée se prolonge par le fleuve Polochic; mais les montagnes viennent ensuite. — Plus au sud-est, vallée de Comayagua, où coulent le Jagua et le Sirano; il n'y a pas d'espoir non plus de pratiquer par là un canal maritime. — Vallée du Motagua; le cours du fleuve franchit la plus grande partie de la distance des deux océans, mais il serait impossible de descendre dans l'Océan Pacifique; élévation du sol sur les bords du haut Motagua. — Terre *froide*; sens qu'il faut attacher à ce mot. — Partage des eaux à Chimaltenango. — Il n'y a rien à espérer pour un canal maritime de l'isthme de Honduras. 69

CHAPITRE VII.

Troisième passage. — Le pays de Nicaragua.

Grande déchirure occupée par le lac de Nicaragua et le fleuve San-Juan de Nicaragua. — Golfe de Papagayo et golfe de Nicoya. —

Lac de Leon ou de Managua, et fleuve Tipitapa, qui prolongent le lac (p. 180) et le fleuve précédents. — Dimensions de ces lacs; développement des fleuves. — Tracés possibles au nombre de cinq: 1º du lac de Nicaragua au golfe de Papagayo; 2º du même lac au golfe de Nicoya; 3º et 4º de la pointe nord-ouest du lac de Leon à Tamarindo et à Realejo; 5º du lac de Leon à la rivière Tosta; 6º du même lac ou golfe de la Conchagua. — Régime du fleuve San-Juan; rapides et récifs. — Bon port de San-Juan à l'embouchure du fleuve. — Amélioration du fleuve San-Juan; ce qui prouve qu'elle serait peu difficile, c'est qu'avant 1685 les trois mâts le remontaient; en 1685, on l'obstrua pour barrer le passage aux flibustiers; le Colorado s'ouvrit alors. — D'une amélioration qui permette de recevoir les plus grands trois-mâts du commerce et les paquebots transatlantiques. — De la navigation du Tipitapa; sa pente; beau site de la ville de Tipitapa. — La traversée du lac de Nicaragua n'offre pas de péril sérieux.

Des canaux à ouvrir entre l'Océan pacifique et le lac de Leon ou le lac de Nicaragua. — Sol peu élevé malgré la présence de volcans très hauts. — Tous les voyageurs s'accordent à dire que du lac de Leon à Realejo ou à Tamarindo le pays est plat. — Illusion possible. — On n'a fait de nivellements qu'entre la ville de Nicaragua et le port de San-Juan du Sud. — Nivellement de don Manuel Galisteo avant la révolution française. — Nivellement de M. Bailey depuis l'indépendance. — Il faudrait un souterrain par ce dernier tracé; de quelle longueur; comparaison avec la longueur d'autres souterrains. — Impossibilité d'admettre des souterrains sur un canal destiné à des bâtiments de mer. — De quelles dimensions devraient être des souterrains pour de grands trois-mâts démâtés. — Pour les autres lignes, les renseignements manquent. — Donnée relatée dans l'ouvrage intitulé: *Mexico and Guatimala*.

Des ports qu'on trouverait aux deux extrémités du canal. — San-Juan du Sud; le port est petit, mais sûr; les ports de la baie de Nicoya et Tamarindo sont bons aussi; Realejo est magnifique. — Absence de la fièvre jaune là où le canal serait à creuser; population nombreuse qui fournirait des travailleurs.

Au-delà du lac de Nicaragua, les montagnes se redressent entre les deux océans jusqu'à ce qu'on soit aux environs de Panama. —

Études qu'il y aurait lieu de faire à la baie de Mandinga, et entre la Boca del Toro et la rivière Chiriqui. 75

CHAPITRE VIII.

Quatrième passage. — Isthme de Panama proprement dit.

Absence d'observations dans cet isthme jusqu'à ces derniers temps. — Aspect général du pays qui entoure Panama. — Collines isolées ou en petits groupes se dressant sur une surface plane; cours d'eau multipliés; le Chagres et le Trinidad navigables. — Les voyageurs et les marchandises vont de Chagres à Gorgona ou à Cruces par le Rio Chagres, et de là se rendent à Panama à dos de mulet. — Cours d'eau sur le versant de l'Océan Pacifique: le Caïmito, le Rio Grande; leurs affluents: la Quebra Grande, le Farfan, le Bernardino. — Ce (p. 181) passage ait fréquenté depuis longtemps; c'est par là que passa François Pizarre, quand il alla conquérir le Pérou. — Route pavée qui a existé de Cruces à Panama. — Négligence malhabile du gouvernement espagnol. — Bolivar fait étudier l'isthme par MM. Lloyd et Falmarc; opérations de ces ingénieurs; elles se réduisent à mesurer la hauteur d'un point de partage déterminé et la différence de niveau entre les deux océans. — Il résulte de ces opérations que cette localité n'est pas plus défavorable que d'autres où l'on a fait passer un canal. — Études nouvelles par M. Morel au nom de la compagnie franco-grenadine; il indique un point de partage extrêmement déprimé; si bien qu'on pourrait ménager un véritable détroit artificiel. — Trajet de 75 kilomètres seulement entre Panama et Chagres. — Ces résultats surprenants, inouïs, sont démentis; néanmoins la localité demeure très favorable. — Reproches encourus par le gouvernement espagnol. — Le tracé proposé aujourd'hui l'avait été en 1528. — Réflexion au sujet des découvertes qui se perdent et se retrouvent.

Des débouchés du canal en mer. — Le port de Chagres est déjà passable. — Par une coupure qui communiquerait avec la baie de Limon on aurait un port excellent. — Du côté de Panama ce serait plus difficile; le port de la ville de Panama est à une certaine distance au large contre un groupe de trois îles. — Il faudrait creuser en mer et garantir par des jetées un chenal entre ce mouillage et la terre ferme. — Diverses manières de déboucher en mer.

Rareté des travailleurs indigènes; on aurait besoin d'emmener des ouvriers d'Europe. — Précautions à prendre alors pour l'hygiène. — Emploi d'hommes disciplinés et dociles tels que les soldats du génie. — De la baie de Mandinga et d'un passage possible derrière la Boca del Toro. — Mines de charbon. 105

CHAPITRE IX.

Cinquième passage. — Isthme de Darien.

Dépression qu'offre la vallée de l'Atrato. — Communication projetée à la fin du siècle dernier entre la vallée de l'Atrato et le port de Cupica par le Naipipi. — Elle est impossible. — Communication entre la vallée de l'Atrato et celle du San-Juan, par le vallon de la Raspadura; on n'en ferait jamais un canal des deux océans. 137

CHAPITRE X.

Conclusion des cinq chapitrés précédents — Études à faire.

Deux tracés se recommandent: l'un par Chagres et les environs de Panama, l'autre par le pays de Nicaragua. — Dépense à laquelle il faut s'attendre avec l'un et avec l'autre; elle serait considérable, mais non au-dessus des forces des gouvernements des trois premières puissances maritimes réunies. — Plan d'une étude générale à Panama, au lac de Nicaragua, à la baie de Mandinga, à la Boca (p. 182) del Toro. — Il faudrait un personnel nombreux d'ingénieurs et un plus nombreux d'agents subalternes. — Soldats du génie et matelots à la suite des ingénieurs. — Études médicales à joindre à celles des ingénieurs, afin d'être prêt, au cas où des ouvriers européens ou du nord de l'Amérique devraient être envoyés dans l'isthme. — Il conviendrait que la France se chargeât de ces études; le gouvernement en retirerait beaucoup d'honneur et ce serait conforme à sa politique. 141

CHAPITRE XI.

Du percement de l'isthme de Suez.

L'isthme est nivelé; bassin des Lacs Amers qui est au-dessous de la mer Rouge; l'épaisseur de l'isthme est rigoureusement de 115 kilomètres. — Inégalité de niveau des deux mers. — Difficulté d'avoir un port sur la Méditerranée. — Le canal de l'isthme de Suez a existé. — *Canal des Rois* de Suez au Nil, du temps de l'antique Égypte. — Restauration du temps des Ptolémées et sous l'empereur Adrien. — Travaux des mahométans. — Projets du général en chef Bonaparte. — Études que fit alors M. le Père. — Une fois dans le Nil, il faudrait atteindre la Méditerranée; le seul port de ces parages est Alexandrie; coup d'œil d'Alexandre-le-Grand. — Il serait bien difficile de rejoindre Alexandrie depuis le débouché du canal de Suez au Nil. — Convenance d'un canal direct de Suez à la Méditerranée; autrement ce ne sera jamais une communication maritime; mais les sables que dépose la mer, en rendant difficile l'existence d'un port sur la Méditerranée à Péluse, y font obstacle. — Ce qu'était la traversée d'Europe aux Indes autrefois et ce qu'elle est aujourd'hui. — Abréviation que procurerait aux navires à voiles la coupure de l'isthme de Suez. 147

CHAPITRE XII.

Comment pourrait être exécuté le canal de l'isthme de Panama.

Bonnes dispositions du gouvernement de la Nouvelle-Grenade. — Immunités à attendre de lui. — Excellents sentiments manifestés à l'origine par le gouvernement fédéral de l'Amérique Centrale. — Triste situation de ce pays aujourd'hui; cependant les États de Nicaragua et de Costa-Rica que traverserait le canal de Nicaragua sont tranquilles et offrent des garanties. — Une compagnie ne pourrait exécuter le canal, quel que soit celui des deux tracés qu'on adopte. — Bénéfices à attendre d'un péage; nombre de navires qui se rendent dans le Grand Océan par le cap Horn ou par le cap de Bonne-Espérance. — Il n'y aurait que les gouvernements de la France et de l'Angleterre qui pussent le creuser; il conviendrait qu'ils s'associassent dans ce but avec celui des États-Unis. 163

ERRATA.

- Page 91, ligne 2: *après* très dure, *mettre* ou des sables coulants.
- Page 121, ligne 19: *après* dures à l'excès, *mettre* ou des sables mouvants, ce qui serait pire encore.

Note 1: Pour bien préciser quelques termes dont nous nous servirons souvent, rappelons qu'on désigne sous le nom d'*Océan Atlan-*

tique la portion de l'Océan qui est bordée, d'un côté par l'Europe et l'Afrique, de l'autre par les deux Amériques. La vaste mer qui s'étend de la Chine et de l'Inde au pôle austral, et du versant occidental des Amériques au revers oriental de l'Afrique, est le *Grand-Océan*. Dans le voisinage de l'Amérique, entre les tropiques, celui-ci est nommé l'*Océan Pacifique*, à cause de la sécurité qu'il présente aux navigateurs, plus particulièrement dans l'hémisphère austral. Au contact de l'isthme de Panama, sur les côtes du Mexique et de l'Amérique centrale jusqu'à l'Amérique méridionale, on l'appelle souvent la *mer du Sud*. Nous emploierons ces trois dénominations de *Grand-Océan*, d'*Océan Pacifique* et de *mer du Sud*. La portion de l'Atlantique qui baigne l'isthme se compose du *golfe du Mexique* et de la *mer des Antilles*.

Les rameaux de la chaîne des Andes, qui se développe d'une extrémité à l'autre de l'Amérique, sont désignés par le nom de *Cordillères*, qui implique ainsi l'idée d'un contre-fort de la chaîne ou de l'ensemble d'une crête, et non celle d'un sommet isolé. La crête centrale est habituellement qualifiée de même.[Retour au texte principal.]

Note 2: Le golfe du Mexique a 1,650 kilomètres de l'est à l'ouest et 1,200 du nord au midi. Ce sont à très peu près les dimensions de la Méditerranée entre l'Espagne et la Grèce, entre l'Afrique et la France.[Retour au texte principal.]

Note 3: L'étendue de la vallée du fleuve des Amazones est égale à douze fois environ celle de la France.[Retour au texte principal.]

Note 4: On trouve des volcans en Amérique, non seulement entre les tropiques, mais jusqu'aux deux extrémités. Le mont Saint-Élie, placé au terme habitable de l'Amérique du Nord, est un volcan. Plusieurs volcans sont plus au nord encore, dans l'Amérique russe. L'Amérique du Sud se termine par la Terre-de-Feu, ainsi nommée à cause de ses volcans.[Retour au texte principal.]

Note 5: M. Thompson (*Official visit to Guatimala*, p. 239) fait remarquer que les volcans de Guatimala ont une élévation de 4,026 mètres au-dessus de leur base. Le Chimborazo est élevé de 6,530 mètres au-dessus de la mer; mais, sa base étant de 2,902 mètres, il ne reste que 3,628 mètres pour la hauteur au-dessus de la base. Au Mexique, le Popocatepelt, l'une des montagnes de la Sierra Nevada de Mexico, a 5,400 mètres au-dessus de la mer; mais sa hauteur au-dessus de sa base n'en est que la moitié.[Retour au texte principal.]

Note 6: Ces deux opinions étaient fondées l'une et l'autre. La terre étant ronde, pour se rendre d'un point à un autre, on est également certain d'arriver en prenant à droit ou à gauche sur le grand cercle de la sphère tracé par ces deux points; mais ces deux chemins ne sont pas également courts, et l'un peut être infiniment plus long que l'autre. Pour qu'ils fussent également égaux, il faudrait que les deux points se trouvassent aux extrémités d'un même diamètre sur ce grand cercle. Colomb, par une bien heureuse erreur, s'imaginait que le trajet serait moins long d'Europe en Chine en marchant de l'est à l'ouest qu'en prenant le tour de la terre à rebours, c'est-à-dire de l'ouest à l'est.[Retour au texte principal.]

Note 7: Il est hors de doute aujourd'hui que les navigateurs scandinaves avaient pénétré dans le Nouveau-Monde dès la fin du Xe siècle. Ils y avaient même fondé quelques établissements. Mais les relations ainsi créées entre les deux continents s'étaient interrompues, et le souvenir s'en était perdu. L'Europe méridionale, c'est-à-dire les deux péninsules ibérique et italique, l'Angleterre et la France, n'en avaient jamais été informées. Colomb avait visité l'Islande, dans les bibliothèques de laquelle on a retrouvé, assez récemment, la preuve positive des voyages des Scandinaves en Amérique. On a assuré qu'il avait acquis dans cette île des éléments de conviction au sujet de l'existence des terres à l'occident de l'Europe. Mais ce fait n'est pas démontré. Au contraire, il est parfaitement certain, ainsi que nous l'avançons ici, que Colomb croyait aller en Chine par une route différente de celle qu'on croyait la meilleure, et même la seule possible.[Retour au texte principal.]

Note 8: L'expédition partit de Cadix le 11 mai 1502, et rentra le 7 novembre 1504. Colomb y découvrit la côte de l'isthme de Panama depuis Honduras jusqu'à l'Amérique du Sud, dont il reconnut une partie. Il mourut le 20 mai 1506. Les deux premiers voyages de Colomb l'avaient conduit à l'archipel des Antilles. Le troisième l'avait mené sur la Côte-Ferme, au Delta de l'Orénoque et sur la côte de Paria, et par conséquent loin de l'isthme; il y avait pris terre le 1er août 1498. C'était la première fois que Colomb abordait sur le continent américain. Jusqu'alors il n'avait vu que les îles; mais, dès le 24 juin 1497, Sébastien Cabot, envoyé par les Anglais, avait découvert le continent de l'Amérique du Nord.[Retour au texte principal.]

Note 9: Le premier qui navigua sur ces eaux mystérieuses fut Alonzo Martin de San-Benito, l'un des compagnons de Balboa, qui, avant la prise de possession par celui-ci, découvrit une descente au golfe de San-Miguel, sur lequel il trouva un canot.[Retour au texte principal.]

Note 10: L'Orénoque a son embouchure par le 9e degré de latitude boréale.[Retour au texte principal.]

Note 11: Le cap Saint-Augustin est, de l'autre côté de la ligne, dans le Brésil, à 8 degrés 20 minutes de latitude australe.[Retour au texte principal.]

Note 12: *El Almirante*; c'est le nom sous lequel Christophe Colomb est désigné dans l'Amérique espagnole.[Retour au texte principal.]

Note 13: Le départ de Vasco de Gama est du 8 juillet 1497. Il doubla le Cap le 2 novembre 1497, et arriva à Calecut le 20 mai 1498. Le troisième départ de Colomb est du 30 mai 1498.[Retour au texte principal.]

Note 14: C'est ce que cherchait Ponce de Léon et ce qui lui fit faire ses périlleuses expéditions en Floride.[Retour au texte principal.]

Note 15: Il y succomba pareillement, et son frère, l'aîné des trois, Vasqueanes Cortereal, gouverneur de Terceire, fit armer, en 1503, une caravelle à ses frais, afin d'aller à la recherche de ses frères Gaspar et Miguel. Le roi don Manuel l'empêcha de partir par un ordre formel.[Retour au texte principal.]

Note 16: Ils ne le furent que quelques années après la découverte du détroit de Magellan. Le premier débarquement de Pizarre au Pérou est de 1526.[Retour au texte principal.]

Note 17: Le détroit de Magellan s'ouvre par $52\text{-}1/2$ degrés de latitude australe, c'est-à-dire bien loin de l'équateur. Le cap Horn est de 3 degrés plus éloigné encore vers le pôle.[Retour au texte principal.]

Note 18: Le passage de Rio Frio, entre la Vera-Cruz et Mexico, est à 3,196 mètres au-dessus de la mer à la Vera-Cruz. Mexico est à 2,276 mètres. De là, pour aller à Cuercavaca, on franchit l'ancien camp de Cortez, situé à 2,996 mètres, pour redescendre à 516 mètres, et remonter encore à 1,380 mètres à Chilpanzingo.[Retour au texte principal.]

Note 19: Je dis quelques uns, car je ne suis pas de ceux qui accusent le gouvernement espagnol d'avoir été barbare et exterminateur dans l'administration de ses colonies. Dans l'ensemble, il s'y est montré humain, quoiqu'on lui ait fait une réputation contraire. Les colons ont eu individuellement de grands reproches à se faire; mais l'esprit des ordonnances espagnoles envers les indigènes du Nouveau-Monde et les efforts de l'administration coloniale ont été favorables à la cause de l'humanité et de la civilisation, en ce qui concernait ces populations.[Retour au texte principal.]

Note 20: Ce sont les distances directes sans détours. Les distances itinéraires, c'est-à-dire réellement parcourues par les navires, seraient plus fortes d'un quart ou d'un cinquième.[Retour au texte principal.]

Note 21: Le Grand-Océan cependant ne mérite tout-à-fait le nom de Pacifique que du parallèle de Coquimbo à celui du cap Corrientes, entre le 30e degré de latitude australe et le 5e degré de latitude boréale. Il est là d'une sérénité constante. Au-delà il n'en est pas de même; dans la saison des pluies, particulièrement le long des côtes de l'Amérique, la navigation y devient dangereuse.[Retour au texte principal.]

Note 22: C'est le pilote don Francisco Maurelli qui eut ce courage, au commencement du siècle, pour apporter aux Philippines la nouvelle de la rupture entre l'Angleterre et l'Espagne.[Retour au texte principal.]

Note 23: Si le Chili surpasse en prospérité les autres républiques de la côte occidentale de l'Amérique, on peut l'attribuer à ce que par le cap Horn il est d'un accès plus facile. C'est pour cela que probablement, pour s'y rendre d'Europe, le passage du cap Horn pourrait continuer à être préféré.[Retour au texte principal.]

Note 24: Le canal latéral à la Garonne a des dimensions un peu plus fortes; le canal d'Arles à Bouc est un peu plus large encore que le canal latéral à la Garonne, et les écluses, très peu nombreuses d'ailleurs, ont 50 mètres de long sur 8 de large.[Retour au texte principal.]

Note 25: Le canal Érié se reconstruit depuis quelques années avec plus de largeur et de profondeur. Il surpassera même le canal du Midi et le canal latéral à la Garonne. Le canal de la Chesapeake à l'Ohio est à peu près à l'image de nos canaux à grande section. Le canal latéral au Saint-Laurent dans le Canada a 30 mètres et $1/2$ de largeur à la ligne d'eau et 3 mètres de profondeur.[Retour au texte principal.]

Note 26: Le développement de la ligne tout entière est de 85 kilomètres; mais il n'y a de canal creusé que sur 34 et $1/2$ kilomètres; le reste est dans le lit des lacs ou des rivières.[Retour au texte principal.]

Note 27: Ce ne sont que des écluses régulatrices nécessitées par la marée qui change à chaque instant le niveau de la mer, tandis que, dans le canal, on a besoin d'un niveau constant.[Retour au texte principal.]

Note 28: On doit croire que la substitution des hélices aux roues à aubes, comme organes moteurs des navires à vapeur, permettra de réduire la largeur des écluses destinées à les recevoir, puisqu'ils seront alors dégagés des grands et incommodes tambours qu'ils portent sur leurs flancs. On réduirait alors la longueur de la coque, et on en augmenterait la largeur. Un paquebot de 450 chevaux pourrait dès lors entrer dans l'écluse, des vaisseaux à trois ponts, qui a 67 mètres 60 centimètres de long et 18 mètres 22 centimètres de large. Quant à la profondeur d'une écluse, elle a pour minimum absolu le tirant d'eau des navires auxquels elle est réservée, augmenté d'environ un demi-mètre, car il faut bien que ces navires y restent à flot.[Retour au texte principal.]

Note 29: Le canal hollandais du Nord est pourtant ainsi; mais la Hollande est un pays exceptionnellement nivelé par la nature.[Retour au texte principal.]

Note 30: On ne s'en est pas toujours assez préoccupé en France.[Retour au texte principal.]

Note 31: L'eau pluviale représente tous les ans à Paris une couche de 50 à 55 centimètres: entre les tropiques, dans le nouveau continent, c'est communément de 2 mètres 70 centimètres à 3 mètres.[Retour au texte principal.]

Note 32: «Les observations barométriques ne méritent qu'une confiance médiocre. Le seul baromètre que possédât la commission avait été fait par moi, et il est probable qu'il avait pris l'air pendant le voyage, ce qui peut avoir influé sur l'exactitude des points mesurés. Leur hauteur respective doit néanmoins être assez exactement déterminée. Nos calculs ont été corrigés par les observations que nous avons faites plus tard à Tehuantepec.» (Extrait du rapport de don Juan Orbegoso.)[Retour au texte principal.]

Note 33: Pour le faire sortir, il fallut l'alléger de son artillerie. Un vaisseau de ligne tirant de 7 à 8 mètres d'eau, il faut qu'il trouve sur la barre d'un fleuve une profondeur d'eau de 9 à 10 mètres.[Retour au texte principal.]

Note 34: La latitude de l'embouchure du Guasacoalco est de 18 degrés 8 minutes; celle de la côte près de Tehuantepec est de 16 degrés 11 minutes; celle de l'embarcadère du Saravia sur le Guasacoalco est de 17 degrés 12 minutes, et les trois points sont à peu près sur le même méridien.[Retour au texte principal.]

Note 35: À San-Miguel, le Chimalapa est à 173 mètres au-dessus de la mer: le village de Santa-Maria est à 286 mètres; mais le Guasacoalco est de beaucoup plus bas que le village. À 13 kilomètres en aval, il est à 160 mètres 10 centimètres, ce qui permet de supposer que le niveau du fleuve à Santa-Maria est à 170 mètres environ.[Retour au texte principal.]

Note 36: Eu égard, sans doute, aux sommes dont pourrait disposer le gouvernement mexicain.[Retour au texte principal.]

Note 37: D'après la dernière carte de l'Amirauté anglaise, le pic d'Omoa, qui est situé derrière le port du même nom sur la baie de Honduras, a environ 7,000 pieds anglais (2,130 mètres), et le pic de Congrehoy (ou Congrejal), placé 150 kilomètres plus à l'est, 7,500 pieds (2,290 mètres). Ces deux montagnes sont sur le bord méridional de la baie, là où la chaîne qui la borde cesse d'être continue et laisse des ouvertures.[Retour au texte principal.]

Note 38: C'est le nom du Mexique dans la langue des Aztèques.[Retour au texte principal.]

Note 39: Le Sirano, que nous citions tout-à-l'heure, y fait cependant exception.[Retour au texte principal.]

Note 40: Nous adoptons ici, pour le lac de Nicaragua et pour les rivières San-Juan et Tipitapa, les évaluations de M. Bailey, rapportées par M. Stephens, en supposant, ce que nous avons pu vérifier, que les milles dont il se sert en ce qui les concerne soient des milles géographiques de 1,851 mètres, quoique ailleurs M. Stephens emploie le mille de 1,609 mètres. Les autres observateurs et géographes attribuent au lac de Nicaragua de plus grandes dimensions. Quant à la profondeur, ils lui en assignent une moindre, mais plus que suffisante pour de grands navires. MM. Rouhaud et Dumartray donnent au lac[A] 45 lieues de longueur sur 25 de largeur, et une profondeur de 75 pieds. En supposant que la lieue dont ils se servent soit la lieue marine de 5 kilomètres et demi, le lac aurait 250 kilomètres de long sur 137 de large. Les nouvelles cartes de l'Amirauté anglaise et du Dépôt de la Marine française, dressées d'après les résultats de l'expédition du commodore Owen, se rapprochent des indications que nous avons adoptées.[Retour au texte principal.]

Note A: Page 8 de leur Notice sur l'*Amérique Centrale*.[Retour à la note principale.]

Note 41: On désigne ainsi les points où le courant est beaucoup plus vif et oppose un grand obstacle aux navires qui remontent. Quand un *rapide* est bien caractérisé, il interrompt la ligne navigable. Voici, d'après les renseignements communiqués à M. Stephens par M. Bailey, comme sont distribués les rapides et comment se présente le fleuve à partir du lac de Nicaragua:

À partir du lac jusqu'à la rivière des Savalos, sur 33 kilomètres environ, le fleuve San-Juan a une profondeur de 3 mètres 65 centimètres à 7 mètres 30 centimètres. Alors commencent les rapides d'El Toro, dont l'étendue est de 1,850 mètres, et où la profondeur de l'eau est de 2 mètres 75 centimètres à 3 mètres 65 centimètres. Pendant un intervalle de 7,400 mètres, on trouve une navigation facile; mais, arrivé à Castillo Viejo, on rencontre d'autres rapides d'environ 1,000 mètres de développement, où il y a de 3 mètres 65 centimètres à 7 mètres 30 c. d'eau. Après un nouvel espace d'une bonne navigation, long de 3,700 mètres, où l'eau a une profondeur de 4 mètres 50 c. à 4 mètres, se présentent les rapides de Mico et de las Balas, qui se succèdent et n'ont pas ensemble un développement de plus de 1,850 mètres; la profondeur du chenal y varie de 1 mètre 83 centimètres à

5 mètres et demi. Après un autre espace navigable de 2,800 mètres, viennent les rapides de Machuca, de 1,850 mètres de longueur; ce sont les plus dangereux de tous, parce que le fleuve y court sur un lit hérissé de pointes de rochers. Après un nouveau bassin naturel de 18 kil. et demi, où il y a de 3 mètres 65 centimètres d'eau à 13 mètres, on est au confluent du San-Carlos. 20 kilomètres plus loin, le San-Juan reçoit le Sarapiqui, seule communication entre l'État de Costa-Rica et le port San-Juan ou la mer. Dans ce trajet sont distribuées des îles, et la profondeur est de 1 mètre 83 centimètres à 11 mètres; les points les moins profonds étant aux coudes du fleuve, il s'y est accumulé de la boue et du gravier. Enfin, après on parcours de 13 kilomètres, on est à la séparation du Colorado. De là à la mer il y a 24 kilomètres qu'on réduirait facilement à 18 et demi. Tous les sondages relatés ici ont été pris à basses eaux. Remarquons que, à ce compte, le développement du fleuve serait de 129 kilomètres, au lieu des 146 indiqués ailleurs par M. Stephens.

Les barrages à placer à chacun des quatre rapides auraient de 80 à 100 mètres. Sur quelques autres points il faudrait des dragages.[Retour au texte principal.]

Note 42: L'opinion de M. Bailey, telle que la rapporte M. Stephens, serait que ce port est parfait (*unexceptionable*), mais petit. Tous les autres témoignages sont d'accord à lui reconnaître au contraire beaucoup d'étendue. MM. Rouhaud et Dumartray disent (*page 7* de leur notice) qu'il est *vaste et de toute sécurité*, ce que «ne présente aucun autre point de la côte orientale de l'Amérique Centrale.» De savants marins français qui ont été chargés de l'examiner en 1843 disent expressément que c'est un *asile vaste et sûr*, une *belle situation*, un *excellent port*, et, ajoutent-ils, un bon *mouillage près de terre*.[Retour au texte principal.]

Note 43: Ce barrage aurait 410 mètres de long.[Retour au texte principal.]

Note 44: Suivant M. Stephens, toute la pente de la rivière Tipitapa, montant à 8 mètres 74 centimètres, serait accumulée sur les 10 premiers kilomètres à partir du lac de Leon. M. Rouhaud, qui a pris part aux opérations topographiques faites dans le pays, m'a dit que la pente de 8 mètres 74 centimètres était répartie ainsi: 5 mètres 49 centimètres en une chute à Tipitapa, et le reste, soit 3 mètres 25 centimètres, de Tipitapa au lac de Nicaragua.[Retour au texte principal.]

Note 45: M. Rouhaud assure qu'il est extrêmement rare de voir arriver des malheurs aux pirogues (non pontées) fort mal construites, qui servent aux transports sur le lac.[Retour au texte principal.]

Note 46: La longueur totale de la tranchée est de 20,585 mètres. L'écoulement des lacs a exigé quelques autres travaux moins importants, et l'opération entière a absorbé 31 millions de francs, en comptant, à la vérité, les frais de beaucoup d'écoles, d'essais avortés et de fausses manœuvres.[Retour au texte principal.]

Note 47: Cette tranchée, creusée dans un terrain composé alternativement d'une roche compacte et d'une argile très dure, a coûté exactement 3,667,345 fr. Le canal y est réduit à la largeur de 7 mètres. Le canal d'Arles à Bouc a été construit par M. Garella, inspecteur-divisionnaire des ponts et chaussées, père de M. Garella, ingénieur en chef des mines, qui explore maintenant l'isthme de Panama. La tranchée de la Lèque avait été commencée par M. Boudon.[Retour au texte principal.]

Note 48: Ce projet a été tracé, d'après les nivellements de M. Bailey, par M. Horace Allen, habile ingénieur des États-Unis, auquel M. Stephens a communiqué ses notes. Peut-être M. Bailey, d'après les connaissances qu'il avait des lieux, particulièrement sous le rapport des eaux à employer pour l'approvisionnement du canal, l'eût-il tracé fort différemment, en ce sens qu'il ne l'eût pas élevé au-dessus du niveau du lac.[Retour au texte principal.]

Note 49: Après avoir reproduit le tableau des cotes de nivellement, M. Stephens dit que 1,600 mètres seulement du bief de partage devraient être en souterrain. C'est ce qui m'a semblé inadmissible. L'élévation de son bief de partage au-dessus de l'Océan Pacifique est de 61 mètres 60 centimètres. Or, à 5,377 mètres de l'Océan Pacifique, en un point qu'occuperait le bief de partage, le sol est à 87 mètres d'élévation, et c'est seulement 3,300 mètres plus loin qu'on revient à la cote de 82 mètres, qui comporte, pour redescendre au niveau du bief de partage, une tranchée de 27 mètres de profondeur, y compris 6 mètres pour la cuvette du canal. Pour réduire le souterrain à 1,600 mètres, il faudrait pousser la tranchée, sur chacune des têtes du souterrain, un peu au-delà de la profondeur de 50 mèt. Afin d'éviter absolument un souterrain, on comprend qu'on aille en tranchée jusque là; mais du moment qu'on en admet un, il y a presque toujours avantage à arrêter la tranchée en deçà de cette limite.[Retour au texte principal.]

Note 50: En supposant qu'on se mît en souterrain lorsque la tranchée aurait été portée à 25 mètres environ de profondeur.[Retour au texte principal.]

Note 51: Voir, pour les dimensions des souterrains de plusieurs canaux ou chemins de fer, le *Cours de Construction* de M. Minard, pag. 303.[Retour au texte principal.]

Note 52:*Mexico and Guatimala*, t. II, 285.[Retour au texte principal.]

Note 53: En ajoutant 6 mètres pour la profondeur du canal, au-dessous de la ligne d'eau qui se confondrait avec le niveau du lac.[Retour au texte principal.]

Note 54: Je fais abstraction ici de la différence de niveau entre les deux océans.[Retour au texte principal.]

Note 55: Un marin expérimenté, M. d'Yriarte, qui a beaucoup parcouru ces parages, certifiait à M. Stephens que les vents du nord, qui de novembre à mai sont dominants sur le lac de Nicaragua et le golfe de Papagayo, ont à San-Juan du Sud une telle violence, qu'ils empêcheraient un navire d'entrer dans le port. Mais cet obstacle ne pourrait-il pas être vaincu par des remorqueurs à vapeur? On avait dit aussi à M. de Humboldt que cette côte était fort orageuse, tandis que d'autres témoignages l'avaient à peu près rassuré sur ce point. Presque tout est entaché de doute sur ces contrées, et elles réclament une minutieuse exploration, presque au même degré qu'il y a trois siècles.[Retour au texte principal.]

Note 56: Juarros, traduction anglaise de M. Baily, lieutenant de la marine anglaise; 1823, p. 337.[Retour au texte principal.]

Note 57: En 1825, M. de Humboldt estimait le minimum de largeur de l'isthme à 14 lieues marines (78 kilomètres). Les cartes plus récentes réduisent ce minimum assez notablement.[Retour au texte principal.]

Note 58: Les cartes récentes de l'amirauté anglaise, dressées d'après les observations du commodore Owen, indiquent, dans la province de Veragua, plusieurs cimes de plus de 7,000 pieds anglais (2,130 mètres), une, le mont Chiriqui, de 11,266 (3,435 mètres), et une autre, le mont Blanc, de 11,740 (3,580 mètres). Le pic de Néthou, le plus élevé des Pyrénées, n'a que 3,404 mètres.[Retour au texte principal.]

Note 59: Quelquefois on s'arrête à Gorgona, qui est un peu au-dessous de Cruces. Gorgona est, de même que Cruces, agréablement située sur un sol élevé, au bord du Chagres. La route de Gorgona à Chagres est plus unie que celle de Cruces. Pendant la belle saison elle est plus agréable; dans le temps des pluies elle se détrempe trop. Celle de Cruces est fort inégale et fort pierreuse. Les muletiers, qui ont leurs habitudes à Cruces, font tous leurs efforts pour y amener les voyageurs.[Retour au texte principal.]

Note 60: François Pizarre débarqua à Nombre-de-Dios, port de l'Atlantique entre Chagres et Porto-Belo. Il avait rencontré en Espagne Fernand Cortez, entouré alors de la gloire que lui avait value la conquête du Mexique. Cortez, qui avait une grande âme et se plaisait à encourager la jeunesse dans d'audacieuses entreprises, fournit des fonds à François Pizarre. De Nombre-de-Dios, ce dernier se rendit à Panama où l'attendait son ancien compagnon de fatigue et futur compagnon de succès, Almagro.[Retour au texte principal.]

Note 61: M. Wheelwright, ancien agent supérieur de la Compagnie anglaise des navires à vapeur de l'Océan Pacifique, qui, durant dix-huit ans, a fréquenté l'isthme, constate également que la route de Cruces à Panama fut jadis pavée; il ajoute que les pierres dont avait été faite la chaussée sont aujourd'hui très incommodes pour les voyageurs. C'est ce qui lui ferait préférer le chemin de Panama à Gorgona pendant la belle saison.[Retour au texte principal.]

Note 62: D'après le mémoire publié par M. Lloyd, la mer moyenne à Panama serait plus élevée qu'à Chagres de 1 mètre 7 centimètres; différence huit fois moindre qu'entre la mer Rouge à Suez et la Méditerranée aux bouches du Nil. À Panama, la différence de la haute à la basse mer (ce qu'on nomme la marée) serait, deux jours après la pleine lune, de 6 mètres 47 centimètres; mais quelquefois, sous l'influence de certains vents et par le concours de diverses circonstances, elle irait à 8 mètres 37 centimètres. À Chagres, elle ne serait que de 32 centimètres. Le moment de la haute mer est d'ailleurs le même dans les deux ports. Régulièrement tous les jours, à un certain instant, la mer serait à Panama de 4 mètres 13 centimètres plus haute qu'à Chagres. Au moment de la basse mer, elle serait plus basse de 1 mètre 99 centimètres, et à la mer moyenne elle reprendrait une supériorité, avons-nous dit, de 1 mètre 7 centimètres.

On voit par là que la marée est très faible à Chagres et très marquée à Panama. D'un pays à l'autre, et même d'un port au suivant, la marée, on le sait, varie beaucoup. Sur la cote des États-Unis, le long de l'Atlantique, elle est, au midi de New-York, de 1 mètre et demi à 2 mètres. Au nord, elle augmente successivement; elle est à Boston de 3 mètres et demi, et sur le littoral de la Nouvelle-Écosse et du Nouveau-Brunswick, dans la baie de Fundy, de 10, 15, et même, dit-on, de 20 mètres. À Brest, elle est de 7 mètres, à Saint-Malo de 13, et à Granville de 14.

Mais M. Lloyd a exagéré les marées de l'Océan Pacifique à Panama. D'après les observations tout récemment rapportées de la mer du Sud par l'expédition de *la Danaïde*, que commandait M. Joseph de Rosamel, capitaine de vaisseau, à Panama les plus fortes marées sont de 5 mètres, et les plus faibles de 3 mètres 25 centimètres.[Retour au texte principal.]

Note 63: MM. Lloyd et Falmarc se mirent à l'œuvre le 5 mai 1828, quoique la saison des pluies eût commencé. Leur nivellement partait de la rue *Sal-si-Puede*, qui touche à la mer, à l'endroit de la plage appelé *Playa-Prieta*. À 36,760 mètres de Panama, ils rencontrèrent la rivière Chagres. Après s'être élevés, à Maria-Henrique, à 196 mètres 39 centimètres au-dessus de la mer Pacifique, ils étaient là redescendus à 49 mètres 76 centimètres. Tel était le niveau du Chagres en ce point le 7 février 1829. De là à Cruces, ils trouvèrent par la rivière une distance du 31,070 mètres, et une pente de la rivière de 34 mètres 95 centimètres. De Cruces à l'embouchure, il y a une distance de 82 kilomètres, et la pente n'est que de 15 mètres 88 centimètres. À partir de la Bruja, qui est encore à 18 kilomètres de Chagres, la rivière n'a plus de pente.

Il résulte du profil tracé par M. Lloyd que le terrain entre Panama et le Rio Chagres, selon la direction qu'il a suivie, est bombé, et s'élève graduellement dans les deux sens, non cependant sans quelques ondulations, au lieu d'offrir, comme l'a trouvé M. Bailey, entre le lac Nicaragua et l'Océan Pacifique, au milieu du trajet, une crête saillante qu'il suffit de percer par un souterrain assez court pour être dispensé de gravir la majeure partie de la pente.[Retour au texte principal.]

Note 64: Sur le canal Calédonien on a dû construire vingt-trois écluses pour racheter une pente et contre-pente qui est de 56 mètres 13 centimètres: ici, ce serait de 120 mètres environ; il faudrait donc cinquante écluses. Aux prix de Brest (*page 48*), ces écluses reviendraient à 20 millions.[Retour au texte principal.]

Note 65: La mesure donnée par le commandant Garnier est de 14 pieds de France (4 mètres 54 centimètres). M. Wheelwright dit 14 pieds anglais (3 mètres 49 centimètres) qu'il réduit à 12 et demi, parce que, dit-il, les pluies avaient gonflé de 18 pouces la rivière, à la barre même, ce qui semble difficile à admettre.[Retour au texte principal.]

Note 66: Rapport du commandant Garnier, du brick *le Laurier*, au contre-amiral Arnoux, page 36 d'une publication faite en 1843 par MM. Salomon, à Londres.[Retour au texte principal.]

Note 67: L'expédition de *la Danaïde*, commandée par M. Joseph de Rosamel, a dressé de la côte de Panama une excellente carte, à laquelle nous empruntons les renseignements cités ici. Cette carte est due particulièrement à M. Fisquet, enseigne de vaisseau.[Retour au texte principal.]

Note 68: Voici le passage du capitaine Cochrane: «Le Naipipi est en partie navigable, mais c'est une navigation très dangereuse. Le commerce ne saurait y recourir. Quant à construire un canal ou un chemin de fer, c'est impossible, du moins c'est ce qui résulte des renseignements que me donna, à Citerà, un officier colombien, le major Alvarès, qui venait par là de Panama. Il me dit qu'il avait trouvé le Naipipi sans profondeur, d'un courant rapide, et hérissé de rochers; que, du Naipipi à Cupica, on avait à franchir trois rangées de collines (*three sets of hills*), et qu'il ne voyait pas comment on pourrait opérer une jonction du Naipipi au Grand-Océan. De toutes les observations qu'il m'a été possible de recueillir à ce sujet, je tire la conséquence que le baron de Humboldt (qui n'a pas été sur les lieux) aura été mal informé à l'égard de cette communication avec l'Océan.» (*Journal of a residence and travels in Columbia, during the* *years 1823 and 1824*, par le capitaine Ch. Stuart Cochrane, vol. II, p. 449.)[Retour au texte principal.]

Note 69: On avait même dit à M. de Humboldt que cette jonction avait été opérée par les soins d'un moine industrieux, curé de Novità, et que par ce canal des canots chargés de cacao étaient venus d'une mer à l'autre. Probablement ce récit se fonde sur quelques travaux d'amélioration qui auront été opérés dans le lit de la Raspadura.[Retour au texte principal.]

Note 70: La note dont il vient d'être question, rédigée par un Péruvien de Lima et transmise avec éloge à M. Mercer par Ch. W. Radcliff, qui a étudié avec soin la question du percement de l'isthme, porte à 410 milles (660 kilomètres) la distance de Quibdò (on Citerà) aux bouches de l'Atrato. Citerà n'est guère qu'à la moitié du trajet. Cette évaluation est donc exagérée.[Retour au texte principal.]

Note 71: Les marées de *vive eau* sont celles qui ont lieu après la pleine ou la nouvelle lune; ce sont les plus grandes. Les marées qui ont lieu aux deux autres quartiers de la lune sont les plus faibles.[Retour au texte principal.]

Note 72: Le *Boghaz* (c'est ainsi qu'on nomme chacune de ces passes) de Damiette est le meilleur des deux; mais on n'y trouve qu'une profondeur assez régulière d'ailleurs de $2\text{-}1/3$ mètres à $2\text{-}1/2$ mètres quand le fleure est bas, de $3\text{-}1/4$ mètres pendant les crues. Le Boghaz de Rosette n'a dans les mêmes circonstances que de $1\text{-}1/3$ mètre à $1\text{-}1/2$ mètre, et de $2\text{-}1/3$ mètres à $2\text{-}1/2$ mètres. Ce sont d'ailleurs des passages mal abrités pendant l'hiver.[Retour au texte principal.]

Note 73: Le Mahmoudiéh a sa prise d'eau dans le Nil à Fouah. L'ancien canal avait la sienne à Rahmanyéh, qui est plus haut et un peu plus à l'est, et sa longueur était, selon M. le Père, d'environ 94 kilomètres. On s'en est écarté sur quelques points lors de la restauration ordonnée par Méhémet-Ali, de manière à en abréger le parcours.[Retour au texte principal.]

Note 74: M. le Père supposait que le but du voyage serait Pondichéry et que le point de départ serait Lorient, dans le cas du trajet par le Cap, et Marseille dans l'autre cas.[Retour au texte principal.]

Note 75: Ce sont les termes textuels d'une dépêche en date du 30 septembre 1843, adressée de Bogota par le ministre des relations extérieures de la Nouvelle-Grenade, M. Mariano Ozpina, aux gouvernements des grandes puissances européennes.[Retour au texte principal.]

www.ingramcontent.com/pod-product-compliance
Lightning Source LLC
Chambersburg PA
CBHW031426210526
45464CB00005B/2066